璧□
山
水
绘
溪
岩

南北延日月

端灯续昼行阡陌

不知何处蛙鸣涧

文／曹志浩 赋 图／丁国骅 摄

中国雨蛙 / 唐韵　绘

A Field Guide to the Amphibians of Eastern China

华东地区
两栖动物
野外识别手册

丁国骅
胡华丽　编著
陈静怡

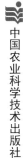

中国农业科学技术出版社

图书在版编目（CIP）数据

华东地区两栖动物野外识别手册 / 丁国骅，胡华丽，
陈静怡编著.--北京：中国农业科学技术出版社，2022.1
　ISBN 978-7-5116-5622-3

　Ⅰ.①华… Ⅱ.①丁… ②胡… ③陈… Ⅲ.①两栖动
物—野生动物—识别—华东地区—手册　Ⅳ.①Q959.5-62

　中国版本图书馆 CIP 数据核字（2021）第 262780 号

责任编辑	张志花
责任校对	马广洋
责任印制	姜义伟　王思文

出 版 者	中国农业科学技术出版社
	北京市中关村南大街12号　　邮编：100081
电　　话	（010）82106636（编辑室）（010）82109702（发行部）
	（010）82109709（读者服务部）
传　　真	（010）82106636
网　　址	http://www.castp.cn
经 销 者	各地新华书店
印 刷 者	北京科信印刷有限公司
开　　本	120 mm×185 mm　1/32
印　　张	5.75
字　　数	130千字
版　　次	2022年1月第1版　2022年1月第1次印刷
定　　价	59.00元

编　著：丁国骅　胡华丽　陈静怡

其他参与编著人员：（按姓氏拼音排序）

曹志浩　陈巧尔　陈智强　冯　磊　唐　韵　汪艳梅
王聿凡　项姿勇　钟俊杰　周逸楠

照片提供：（按姓氏拼音排序）

车　静　陈静怡　陈巧尔　陈岳峰　戴建华　丁国骅
胡超超　胡英超　李辰亮　李鹏翔　李丕鹏　刘宝权
刘小龙　吕植桐　石胜超　王　健　王英永　王盈涵
王聿凡　王臻祺　吴书平　吴延庆　小原祐二
游崇玮　袁智勇　曾　昱　张保卫　张加勇
张　亮　张永普　钟俊杰　周佳俊　周　行
Axel Hernandez　Kevin Messenger　Nikolay Poyarkov

音频提供：（按姓氏拼音排序）

陈静怡　陈巧尔　陈智强　丁国骅　王　斌　王英永
王盈涵　王聿凡　王臻祺　吴延庆　项姿勇　张保卫
张　方　Amaël Borzée　　Kevin Messenger

视频提供：（按姓氏拼音排序）

陈静怡　陈巧尔　丁国骅　冯磊　胡华丽　汪艳梅
王聿凡　王臻祺　吴延庆　项姿勇　谢　伟　钟俊杰
Amaël Borzée

特别支持机构：

2015年在天目山

前　言

　　华东地区地处中国东部，包括上海、江苏、浙江、安徽、福建、江西、山东和台湾，总面积约84.4万km²，占我国陆地国土面积的8.7%[①]。气候以淮河为分界线，横跨亚热带湿润性季风气候和温带季风气候。华东地区地形以丘陵、盆地、平原为主，坐拥武夷山脉和台湾山脉两大主要山脉。华东地区动植物资源丰富，种类繁多，原始森林面积庞大。近几年，随着生物多样性调查工作如火如荼地开展，华东地区两栖动物物种数量也有了一定的增加。

　　本书首次对华东地区的两栖动物进行汇总，共收录华东地区两栖动物136种，其中有尾目3科8属23种，无尾目9科35属113种（包括入侵物种2种）；国家重点保护动物15种，受威胁物种30种。本书不仅以传统的两栖动物图鉴的方式简洁、直观地展现动物特征，也加入了部分常见两栖动物的鸣声谱图和视频。截至本书出版时，收录了65个物种的鸣声以及39个物种的视频，随着华东地区两栖动物多样性调查的不断深入，相应的音频、视频资料也将不断更新。本书立体、生动地展现了华东两栖动物之美，可作为高校动物学相关专业野外实习的指导用书，也可供从事两栖动物相关的科研工作者，从事农林业发展

---

　　① 数据来自各省份的统计年鉴。

与保护、自然保护区建设与管理的工作人员，从事科普教育和生态保育的组织、个人以及动物摄影爱好者参考。

编著者首次开展两栖动物的野外调查是在2014年，当初只是兴趣所致，为的是寻找到在浙江九龙山自然保护区分布的崇安髭蟾。至今已经历8个寒暑，有50余名学生陆续参与到了野外调查中。本书的编写不仅是对前期工作所做的一个阶段性总结，也是对未来继续开展野外调查工作的计划与展望，希望能有更多感兴趣的同学加入到野外调查的队伍中来。

本书在编写过程中，不仅得到了各高校、研究所的老师和同行们的支持，更受到了中国台湾及国外学者和朋友们的无私帮助，在此一并表示最诚挚的感谢。

由于水平有限，书中难免存在疏漏和不足之处，欢迎广大读者及同行批评指正。

丁国骅

2021年12月

凹耳臭蛙／唐韵　绘

目　录

2017年在百丈岭

两栖动物基础知识

1 两栖动物快速检索表

　　野外观察两栖动物时，可通过两栖动物的典型形态快速检索类群，以下为各类两栖动物代表图片，图中标注为该类群所在页码。

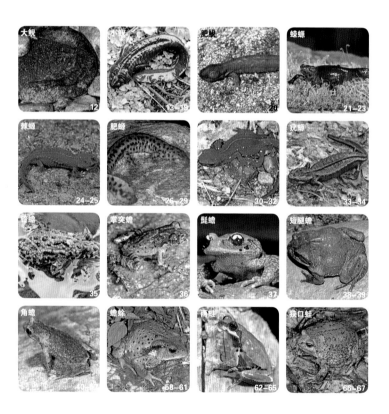

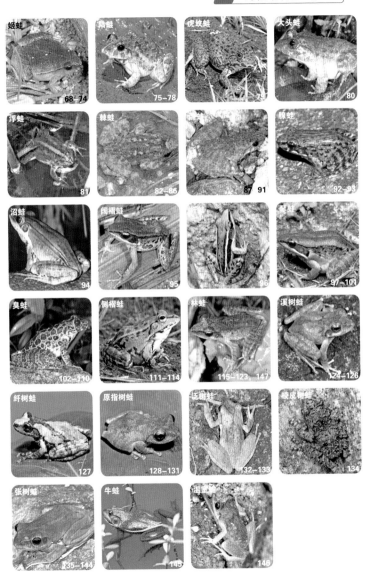

姬蛙 68-74
陆蛙 75-78
虎纹蛙 79
大头蛙 80
浮蛙 81
棘蛙 82-86
? 87-91
臭蛙 92-93
沼蛙 94
阔褶蛙 95
? 96
? 97-101
臭蛙 102-110
侧褶蛙 111-114
林蛙 115-123, 147
溪树蛙 124-126
纤树蛙 127
原指树蛙 128-131
迟树蛙 132-133
棱皮树蛙 134
张树蛙 135-144
牛蛙 145
湍蛙 146

2 两栖动物常用形态测量参数

有尾目形态测量指标

①体长：自吻端至肛孔的长度

②头长：自吻端至颈褶或口角（无颈褶者）的长度

③头宽：头或颈褶左右两侧之间的最大距离

④吻长：自吻端至眼前角之间的距离

⑤鼻间距：左右鼻孔间的距离

⑥眼间距：左右上眼睑内缘之间的最窄距离

⑦眼径：与体轴平行的眼的直径

⑧尾长：自肛孔至尾末端的长度

⑨尾高：尾上、下缘之间的最大宽度

⑩尾宽：尾基部（即肛孔两侧之间）的最大宽度

⑪前肢长：自前肢基部至最长指末端的长度

⑫后肢长：自后肢基部至最长趾末端的长度

⑬腋至胯宽：自前肢基部后缘至后肢基部前缘之间的距离

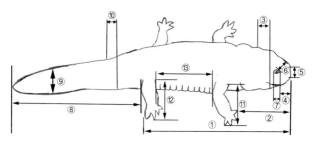

形态测量图参考费梁等，2009／朱博睿　绘

无尾目形态测量指标

①体长：自吻端至肛孔的长度
②头长：自吻端至颌关节后缘的长度
③头宽：左右颌关节间的距离
④吻长：自吻端至眼前角的距离
⑤鼻间距：左右鼻孔间的距离
⑥眼间距：左右上眼睑内缘之间的最窄距离
⑦眼径：眼横长距
⑧前臂及手长：自肘后至最长指末端的长度
⑨后肢长：自体后正中至最长趾末端的长度
⑩足长：自内蹠突近端至最长趾末端的长度

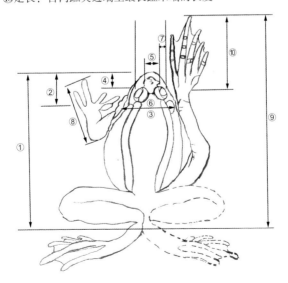

3 两栖动物常用特征术语

①吻棱：吻背面两侧的线状棱，吻部的形状及吻棱的明显与否，随属、种不同而异。

②鼓膜：位于颞部中央，覆盖在中耳室外的一层皮肤薄膜，多为圆形。

③犁骨棱与犁骨齿：犁骨向腹面凸起，而隐于口腔上皮内的嵴棱，称为梨骨棱；犁骨齿是着生在犁骨或犁骨棱上的一排或一团细齿，位于内鼻孔内侧或后缘。犁骨齿的有无及其位置、形状大小可作为分类特征之一。

④掌突与蹠突：掌和足底面基部的明显隆起，内侧者称为内掌突与内蹠突，外侧者称为外掌突与外蹠突。

⑤声囊：大多数种类的雄性在咽喉部由咽部皮肤或肌肉扩张形成的囊状突起。

⑥指、趾吸盘：指、趾末端扩大呈半圆盘状，其底部增厚形成半月形肉垫，可吸附于物体上。在指、趾吸盘边缘和腹侧，有些物种具凹沟，分为边缘沟和腹侧沟。

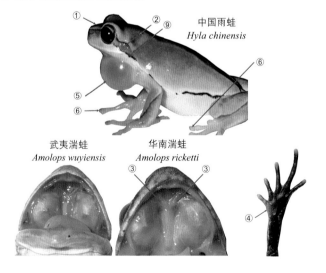

中国雨蛙
Hyla chinensis

武夷湍蛙
Amolops wuyiensis

华南湍蛙
Amolops ricketti

⑦蹼：连接指与指、趾与趾的皮膜，分为微蹼、1/3蹼、半蹼、全蹼和满蹼。

⑧雄性线：雄性的腹斜肌与腹直肌之间的带状结缔组织，呈白色、粉红色或红色，部分种类在背侧亦有此线。

⑨颞褶：自眼后经颞部背侧达肩部的皮肤增厚形成的隆起。

⑩背侧褶：在背部两侧，一般自眼后伸达胯部的一对纵走皮肤腺隆起。

⑪肤褶或肤棱：皮肤表面略微增厚而形成分散的细褶。

⑫瘰粒：皮肤上排列不规则、分散或密集而表面较粗糙的大隆起，如蟾蜍属。

⑬疣粒：较瘰粒小的光滑隆起。

⑭痣粒：较疣粒更小的光滑隆起。

⑮婚垫：雄性第1指基部内侧的局部隆起，少数种类第2指、第3指内侧亦存在。

⑯婚刺：婚垫上着生的角质刺。

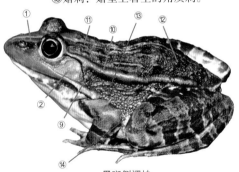

黑斑侧褶蛙
Pelophylax nigromaculatus

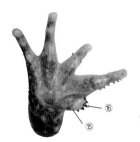

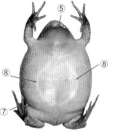

北方狭口蛙
Kaloula borealis

福建大头蛙
Limnonectes fujianensis

4 两栖动物鸣声图谱

　　两栖动物的鸣声根据功能可分为繁殖鸣声（reproductive call）、攻击鸣声（aggressive call）、防御鸣声（defensive call）和摄食鸣声（feeding call）。其中，广告鸣声（advertisement call）为最常见的繁殖鸣声，也容易被录到。根据声音结构可分为音调声（tonal sounds）、脉冲重复声（pulse-repetition sounds）、稀疏谐波声（sparse-harmonic sounds）、密集谐波声（dense harmonic sounds）、脉冲谐波声（pulsatile-harmonic sounds）和频谱结构脉冲声（spectrally-structured pulsatile sounds）。鸣声图谱将两栖动物的鸣声可视化，通常包括波形图、频谱图、能谱图等。

波形图中横轴代表时间，纵轴代表振幅。

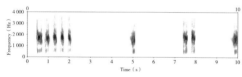

频谱图中横轴代表时间，纵轴代表频率，灰度深浅代表能量。

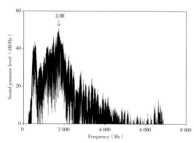

能谱图中横轴代表频率，纵轴代表声压级，最大声压级所对应的频率认定为鸣声主频。

5 两栖动物濒危等级

根据物种灭绝危险程度，可以将两栖动物濒危情况进行如下划定。

（1）灭绝（Extinct，EX）：如果有理由怀疑一分类单元的最后一个个体已经死亡，即认为该分类单元已经绝灭。

（2）野外灭绝（Extinct in the Wild，EW）：某个分类单元已知只存活在栽培或圈养状态下，或者成为过去分布区以外的某个（某些）移入种群。

（3）区域灭绝（Regionally Extinct，RE）：表示某个分类单元的生存状态，在一块选定地理区域中已经消失或者灭绝，但此分类单元在其他区域仍存在。

（4）极危（Critically Endangered，CR）：分类单元已满足种群个体减少、出现范围萎缩、小种群且衰退、种群极小过窄、灭绝概率大过5条定量标准中的任何一条。

（5）濒危（Endangered，EN）：分类单元已按标准评估，但未达到极危标准。

（6）易危（Vulnerable，VU）：分类单元已按标准评估，但未达到极危或者濒危标准。

（7）近危（Near Threatened，NT）：分类单元已按标准评估，但未达到极危、濒危或者易危标准。

（8）无危（Least Concern，LC）：分类单元被评估未达到极危、濒危、易危或者近危标准。

（9）数据缺乏（Data Deficient，DD）；没有足够的资料来直接或者间接地根据一分类单元的分布或种群状况来评估其灭绝的危险程度。

（10）未予以评估（Not Evaluated，NE）：某个分类单元尚未按任何标准接受评估。

6 两栖动物生态类型

根据两栖动物成体的主要栖息地，结合其产卵、蝌蚪及幼体生活的水域状态，可将两栖动物分为5种生态类型。

（1）静水型：整个个体发育完全在静水水域中的种类。

（2）陆栖-静水型：非繁殖期为成体多营陆生而胚胎发育及变态在静水水域中的种类。

（3）流水型：整个个体发育完全在流水水域中的种类。

（4）陆栖-流水型：非繁殖期为成体多营陆生而胚胎发育及变态在流水水域的种类。

（5）树栖型：成体以树栖为主，胚胎发育及变态在静水水域的种类。

2017年在牯牛降

华东地区两栖动物

001 中国大鲵

Andrias davidianus
Chinese Giant Salamander

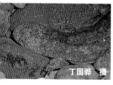

鉴别特征：体大，全长100 cm左右；头躯扁平，尾侧扁。眼小，无眼睑，体侧有明显的与体轴平行的纵行厚肤褶；每2个小疣粒紧密排列成对。

生态习性：栖息于海拔200~1 500 m山区溪流深潭或地下溶洞中，成体多单独生活，昼伏夜出，食性广。繁殖期为5—9月。

华东分布：江西（井冈山、靖安），安徽（黄山），浙江（丽水）。

濒危与保护等级：CR；国家二级重点保护动物（仅限野外种群）。

丁国骅 摄

Hynobius amjiensis
Amji Hynobiid

002　安吉小鲵

鉴别特征：与义乌小鲵（P19）相似，本种体型较大；体侧肋沟13条，环体11~12条；尾长略短于头体长，约为头体长的92.5%；前后肢贴体相对时，指、趾端重叠。

生态习性：栖息于海拔1 300 m左右山区；成体多栖息在山顶沟谷处沼泽地内，周围植被繁茂，地面有大小水坑，水深50~100 cm；以多种昆虫及蚯蚓等小动物为食；繁殖期为12月至翌年3月。

华东分布：浙江（安吉、临安），安徽（绩溪、歙县）。

濒危与保护等级：CR；国家一级重点保护动物。

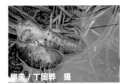
卵带/丁国骅 摄

丁国骅 摄

Nikolay Poyarkov 摄

003　阿里山小鲵

Hynobius arisanensis
Arisan Hynobiid

周行猛

鉴别特征: 肋沟12~13条;第5趾多退化呈短突状;背面深褐色、浅褐色、茶褐色,具黄褐色颗粒斑点;腹面色浅,略带乳黄色。

生态习性: 栖息于海拔2 000~3 700 m植被繁茂的中、高山区。成体常栖于林下流溪缓流处、沼泽和苔藓丰富的地方。3—4月可在流溪内发现成鲵,7月中旬可见幼体。

华东分布: 台湾(阿里山、玉山至大武山)。

濒危与保护等级: EN;国家二级重点保护动物。

Nikolay Poyarkov 摄

Hynobius formosanus
Formosan Hynobiid

004　**台湾小鲵**

鉴别特征：肋沟12～13条；第5趾短于第1趾或完全退化；体背面茶褐色或黑色，无花纹或有金黄色斑；腹面色略浅，具深色小斑点。

生态习性：栖息于海拔2 100 m左右的山区。繁殖期为11月至翌年1月。

华东分布：台湾（南投、能高山）。

濒危与保护等级：EN；国家二级重点保护动物。

周行 摄

Nikolay Poyarkov 摄

005 观雾小鲵

Hynobius fucus
Taiwan Lesser Hynobiid

鉴别特征：肋沟11~12条；前后肢贴体相对时，指与趾相距2个肋沟；背面黑褐色，其上有白斑点；体侧和腹面褐色，具浅黄色斑块。

生态习性：生活在海拔1 200~2 100 m的山区，该山区植被为红树和针叶树混交林。成体栖息在阴暗潮湿的石块下或腐烂的树叶下。繁殖期为冬末春初。

华东分布：台湾（桃园、台北、新竹）。

濒危与保护等级：EN；国家二级重点保护动物。

游崇玮 摄

Hynobius glacialis
Glacial Hynobiid

006 南湖小鲵

鉴别特征：肋沟11~13条；前后肢贴体相对时，指与趾相遇；背面浅黄褐色，其上有黑褐色短的条形斑纹；腹面浅黄色斑块。

生态习性：栖息于海拔3 000~3 600 m的山区，通常栖息在小河支流附近的泉水或浸水处。

华东分布：台湾（南湖大山）。

濒危与保护等级：EN；国家二级重点保护动物。

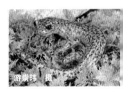

游崇玮 摄

Nikolay Poyarkov 摄

007　楚南小鲵

Hynobius sonani
Sonan's Hynobiid

周 行 摄

鉴别特征: 肋沟12~13条;前后肢贴体相对时,指与趾相距3条肋沟;背面浅褐色、红褐色,其上有不规则深褐色花斑;腹面和尾腹侧有黑色小斑点;咽喉部黄褐色,杂有暗褐色斑纹。

生态习性: 栖息于海拔2 700~3 500 m的山区,常栖息在森林茂密、草丛生的石头下或山溪旁的石下。推测繁殖期为11月至翌年1月中旬。

华东分布: 台湾(南投)。

濒危与保护等级: EN;国家二级重点保护动物。

照片 南 摄

Hynobius yiwuensis
Yiwu Hynobiid

008　义乌小鲵

鉴别特征：与中国小鲵相似，犁骨齿列内枝较长；体型适中，头长明显大于头宽；前后肢贴体相对时，指、趾端多相遇；有掌、蹠突；体侧肋沟10条；尾基略圆，往后逐渐侧扁，有尾鳍褶，雄体更明显；体腹面灰白色，无斑纹。

生态习性：栖息于海拔100~200 m植被较繁茂的丘陵山区。成鲵营陆栖生活，常见于潮湿的泥土、石块或腐叶下，以小型动物为食。繁殖期为12月至翌年2月。

华东分布：浙江（义乌、浦江、诸暨、镇海、舟山、萧山、江山、温岭）。

濒危与保护等级：VU；国家二级重点保护动物。

王聿凡 摄

幼体/金 伟 摄

009 商城肥鲵

Pachyhynobius shangchengensis
Shangcheng Salamander

张保迁研究组　提供

鉴别特征：体形明显肥壮，尾短于头体长；有唇褶，前后肢短弱，指4个，趾5个；犁骨齿近内鼻孔内侧，无囟门；上颌骨与翼骨相连接；鳞骨内侧明显隆起。

生态习性：栖息于海拔380~1 100 m的山区流溪内，所在流溪底部多为沙石。主要以水生昆虫及其幼虫、虾、小鱼和其他小动物为食。

华东分布：安徽西部。

濒危与保护等级：VU。

衰智勇 摄

Cynops fudingensis
Fuding Fire-bellied Newt

010 福鼎蝾螈

鉴别特征： 背面浅褐色至深褐色，有不清晰黑褐色斑点，背脊棱暗
橘红色；咽喉部及腹面橘红色或橘黄色。

生态习性： 栖息于海拔700 m左右的山区荒芜的农田、沟壑附近，
其环境杂草丛生，并有一些静水塘，水塘水深较浅，水
底有腐殖质。

华东分布： 福建（福鼎、柘荣）。

濒危与保护等级： VU。

卞国骅 摄

011　东方蝾螈

Cynops orientalis
Oriental Fire-bellied Newt

丁国骅 摄

腹部 / 丁国骅 摄

鉴别特征：体型较小，体背面黑色显蜡样光泽，一般无斑纹；腹面橘红色或朱红色，其上有黑斑点。

生态习性：栖息于海拔30~1 000 m的山区，多栖于有水草的静水塘、泉水坑和稻田及其附近。以蚯蚓、蚊蝇幼虫及其他水生小动物为食。繁殖期为3—7月。

华东分布：安徽西南部，江苏（南京、宜兴、苏州），浙江大部分地区，江西（庐山、九江、南域、贵溪、婺源），福建（武夷山）。

濒危与保护等级：NT。

陈静怡 摄

袁智勇 摄

Cynops orphicus
Dayang Newt

012　潮汕蝾螈

鉴别特征： 背部黑褐色或浅黄褐色，色浅者体尾有黑褐色斑点；前肢掌部和后肢蹠部有鲜橘红色斑；体腹面正中有1条不规则纵行橘红色带纹，两侧黑斑排列成行。

生态习性： 栖息于海拔600~1 600 m的山区静水塘；以蚯蚓为食；繁殖期可能为5月中下旬。

华东分布： 福建（德化、永泰）。

濒危与保护等级： VU；国家二级重点保护动物。

周行 摄

013　琉球棘螈

Echinotriton andersoni
Ryukyu Spiny Newt

周佳俊 摄

鉴别特征：体背侧各有2纵行瘰疣，内侧1行小瘰疣，排列稀疏。

生态习性：栖息于海拔100~200 m的山区。常栖于森林内的阴湿地带，多隐匿在落叶层中或石块下，阴雨天夜间外出活动。繁殖期为2—6月。

华东分布：台湾（区域灭绝或位点记录错误）。

濒危与保护等级：RE；国家二级重点保护动物。

王聿凡 摄

Echinotriton chinhaiensis
Chinai Spiny Newt

014 镇海棘螈

鉴别特征: 嘴角后上方有浅色突起,其内有钩状方骨侧突;头躯十分宽扁;背侧各有1纵行瘰疣;第5趾较短小。

生态习性: 栖息于海拔100~200 m的丘陵山区;成体营陆栖生活,白昼多栖息在植被茂密、腐殖质多的土穴内、石块下或石缝间;以螺类、马陆、步行虫、蜈蚣、蚯蚓等为食;繁殖期为4—5月。

华东分布: 浙江(宁波镇海)。

濒危与保护等级: CR;国家一级重点保护动物。

卵／王聿凡 摄

Axel Hernandez 摄

周佳俊 摄

015 弓斑肥螈

Pachytriton archospotus
Guidong Stout Newt

石胜超 摄

鉴别特征：背面通常为棕黑色或浅棕黑色；体尾布满黑色小圆斑；腹面橘黄色、橘红色或棕黄色等，有不规则灰棕色斑块，斑的边缘常镶有蓝紫色斑。

生态习性：栖息于海拔800~1 600 m的高山溪流；周围环境为常绿阔叶林、针叶林、混交林，或森林被毁后留下的灌丛、草地间溪流中；繁殖期可能为5月。

华东分布：江西（井冈山、崇义、上犹、龙南）。

濒危与保护等级：LC。

丁国骅 摄

Pachytriton brevipes
Black-spotted Stout Newt

016　黑斑肥螈

鉴别特征： 皮肤光滑；唇褶明显；体形肥硕，背腹面略扁平；背面及两侧青黑或棕褐色，周身布满深色圆斑。

生态习性： 栖息于海拔600~1 700 m山区较为陡峭的小溪内；以蜉蝣目、鳞翅目、双翅目、鞘翅目等昆虫及其他小动物为食；繁殖期为5—8月。

华东分布： 福建（武夷山、龙岩、三明），江西（贵溪、赣州）、浙江（丽水、金华、温州）。

濒危与保护等级： LC。

摄

丁国骅 摄

吴延庆 摄

丁国骅 摄

017　费氏肥螈

Pachytriton feii
Fei's Stout Newt

丁国骅 摄

鉴别特征: 唇褶发达;背面皮肤光滑;体背面、体侧和尾部均为深褐色,腹面颜色较背面浅,具浅橘红色斑或橘黄色斑;尾下缘前3/4为橘红色或橘黄色。

生态习性: 栖息于海拔400~1 000 m山区较为陡峭的山溪内;以毛翅目、襀翅目、蜉蝣目、革翅目等昆虫幼虫及其他小动物为食;皮肤可分泌黏液,发出似硫黄气味;繁殖期为5—8月。

华东分布: 安徽(九华山、祁门、歙县、休宁、黟县),江西东北部。

濒危与保护等级: NT。

丁国骅 摄

Pachytriton granulosus
Pingchi's Newt

018 秦志肥螈

鉴别特征：体背面褐色或黄褐色或黑色，无黑色斑点，背侧常有橘红色斑点；头体腹面橘红色；四肢、肛孔和尾下缘橘红色。

生态习性：栖息于海拔50~700 m较为平缓的山溪内；成体以水栖为主，白天常匍匐于水底石块上或隐于石下，以水生昆虫、螺类、虾、蟹等小动物为食；繁殖期为4—7月。

丁国骅 摄

幼体 丁国骅 摄

胡华丽 摄

华东分布：浙江大部分地区、福建（福鼎、仙游、德化）。

濒危与保护等级：LC。

丁国骅 摄

019   橙脊瘰螈

Paramesotriton aurantius
Orange-ridge Warty Newt

丁国骅 摄

丁国骅 摄

鉴别特征： 背脊棱为一橘红色纵纹或无；体侧及腹面有不规则橘红色、黄色斑点和斑块；犁骨齿列的前缘在两个内鼻孔间会合，中间可见明显细沟。

生态习性： 栖息于海拔800~1 000 m山间较缓的溪流中，溪水较浅，水中常有沙石、落叶等，也可见于路边的沟渠中。

华东分布： 福建（宁德、柘荣、莆田、罗源、飞鸾镇、东圳水库），浙江（泰顺、景宁）。

濒危与保护等级： DD；国家二级重点保护动物。

丁国骅 摄

Paramesotriton chinensis
Chinese Warty Newt

020　　**中国瘰螈**

鉴别特征： 背面有一条浅色脊纹或无；腹面有橘黄色斑，深浅不一；吻长与眼径几乎等长；指、趾无缘膜。

生态习性： 栖息于海拔200~1 200 m丘陵山区较为宽阔的流溪中，溪内多有小石和泥沙。以昆虫、蚯蚓、螺类为食。繁殖期为5—6月。

华东分布： 安徽（歙县、休宁、黄山、九华山），浙江大部分地区，福建（武夷山）。

濒危与保护等级： NT；国家二级重点保护动物。

丁国骅 摄

丁国骅 摄

丁国骅 摄

袁智勇 摄

021　七溪岭瘰螈

Paramesotriton qixilingensis
Qixiling Warty Newt

袁智勇 摄

腹部/袁智勇 摄

鉴别特征：与中国瘰螈（P31）相近，本种具锥状疣粒，尾巴从泄殖腔至尾端由细变粗、最后再变细。头部侧面有腺脊，腹部有明亮的橙色斑点；体背棕黑色，腹部具有不规则橘红色小斑块；背脊棱与背部体色相同；犁骨齿呈"Λ"形；雄性繁殖季节尾部具有一灰白色条带。

生态习性：栖息于深山较为宽阔、平缓的小溪中，溪底覆盖小沙粒或小石粒；繁殖期可能为7月。

华东分布：江西（吉安七溪岭）

濒危与保护等级：VU；国家二级重点保护动物。

张保卫研究组　提供

Tylototriton anhuiensis
Anhui Knobby Newt

022　安徽疣螈

鉴别特征： 头长大于头宽；尾长小于头体长；尾腹鳍褶延伸至泄殖腔后缘；指趾末端和腹面、泄殖腔周围以及尾下缘皮肤橘红色。

生态习性： 栖息于海拔1 000~1 200 m的亚热带山地森林山区，常见于竹林或者干枯的枝条和叶子下。以昆虫幼虫、蜘蛛为食。

华东分布： 安徽（岳西、大别山区南部）。

濒危与保护等级： DD。

周佳俊 摄

023　大别疣螈

Tylototriton dabienicus
Dabie Knobby Newt

鉴别特征：体背两侧瘰粒显著；腹部瘰粒小而平；体背面黑色，腹面色稍浅，指趾腹面、指趾端背面、掌蹠突、泄殖腔孔周缘、尾下缘橘红色。

生态习性：栖息于海拔700~800 m的山区，常隐蔽于溪流岸边的石块间，栖息环境阴湿、水源丰富、植被茂盛，地面腐殖质丰厚、多枯枝腐叶和沙石；繁殖期为4—5月。

华东分布：安徽（岳西）。

濒危与保护等级：EN。

車 静 摄

Bombina orientalis
Oriental Firebelly Toad

024　东方铃蟾

鉴别特征：体型较小，背面刺疣细致密集，整个腹面有橘红色或橘黄色和黑色碎斑，彼此相间较均匀；雄蟾胸部无刺团。

生态习性：栖息于海拔900 m以下的山区，常栖于小山溪、梯田、沼泽地等静水坑或伏在水塘边草丛中；4—5月出蛰，以蚯蚓、昆虫及其他小动物为食；繁殖期为5—7月。

华东分布：江苏北部，山东。

濒危与保护等级：LC。

车 静 摄

Amaël Borzée 摄

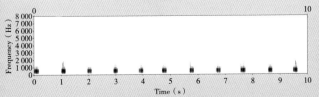

Amaël Borzée 录

丁国骅 摄

025 福建掌突蟾

Leptobrachella liui
Fujian Metacarpal-tubercled Toad

变态中 / 丁国骅 摄

鉴别特征：体腹面无斑或略显小云斑；股腺大而明显，距膝关节远；其间距远大于吻长；趾侧缘膜甚宽且趾侧均具缘膜。

生态习性：栖息于海拔300~1 600 m的山区流溪附近；以鳞翅目、鞘翅目、膜翅目等昆虫及其他小动物为食；繁殖期为4—7月。

华东分布：福建（永泰、武夷山、建阳、德化、南平、福清、诏安），浙江（丽水、龙泉、遂昌），江西（井冈山）。

吴延庆 摄

濒危与保护等级：LC。

丁国骅 摄

丁国骅 录

Leptobrachium liui
Chong' an Moustache Toad

026　崇安髭蟾

鉴别特征：体型大，雄体体长68~95 mm，雌体体长57~
81 mm，繁殖季节雄蟾下唇缘一般有黑色角质
刺2枚或4枚；有单咽下内声囊。

生态习性：栖息于海拔600~1 600 m林木繁茂的山区，主
要植被为常绿阔叶树种和竹类；成体营陆栖生
活，常栖息在流溪附近的草丛、土穴内或石块
下，在农耕地内也可见到；繁
殖期为11—12月。

华东分布：福建（武夷山、建阳），浙
江（龙泉、庆元、江山、遂
昌），江西（井冈山、贵溪）。

濒危与保护等级：NT。

变态中／丁国骅 摄

幼蟾／丁国骅 摄

丁国骅 吴延庆 摄

丁国骅 摄

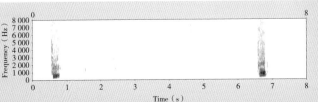

丁国骅 录

王臻祺 摄

027　东方短腿蟾

Brachytarsophrys orientalis
Oriental Short-legged Toad

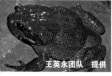

王英永团队 提供

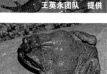

王 健 摄

鉴别特征：头大而宽扁，头宽约为头长的1.2倍、约为垂直头长的2倍；后肢短，后跟不相遇；后肢贴体前伸时，胫跗关节达口角；无外蹠突，内蹠突与第1趾几乎等长；雄蟾趾侧缘膜较雌蟾发达，其宽度约为趾骨末端的1/3。

生态习性：栖息于常绿阔叶林山涧溪流中的石块下；繁殖期为8—9月。

华东分布：江西（龙南），福建（上杭、南靖、漳州、龙岩）。

濒危与保护等级：NE。

王臻祺 摄

王臻祺 录

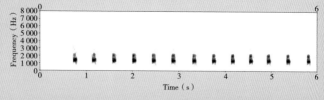

王英永团队 提供

Brachytarsophrys popei
Pope's Short-legged Toad

028　珀普短腿蟾

鉴别特征：犁骨棱突出，细长，两个犁骨棱间距宽，其间距是内鼻孔间距的约1.5倍；舌呈梨状，后端缺刻深；上眼睑外侧有若干大小不等的疣粒，其中一个较大，突出成似角的淡黄色锥状长疣；雄蟾第1指、第2指背面密布有小的黑褐色婚刺；雄性有单咽下内声囊。

王健锾

生态习性：栖息于海拔900~1 300 m植被繁茂山区的大小流溪附近；繁殖期为7—9月。

华东分布：江西（井冈山）。

濒危与保护等级：NE。

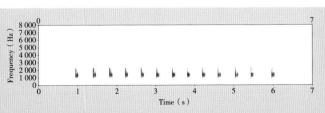

王英永团队 提供

丁国骅 摄

029 百山祖角蟾

Boulenophrys baishanzuensis
Baishanzu Horned Toad

丁国骅 摄

丁国骅 摄

鉴别特征：体型小，雄性体长为28.4~32.4 mm；鼓膜明显，呈椭圆形；两个掌突清晰可见；无蹼；背部皮肤粗糙，疣粒分散在两侧；上眼睑边缘有小的角状结节，两个上眼睑之间具有一个倒三角形棕色斑点；背部具有突起"X"形的脊。

生态习性：生活于海拔1 000~1 600 m山区的溪流。

华东分布：浙江（庆元、景宁、龙泉）。

濒危与保护等级：NE。

吴延庆 摄

王 斌 录

丁国骅 摄

Boulenophrys boettgeri
Pale-shouldered Horned Toad

030　淡肩角蟾

鉴别特征：背面肩部有大的浅色半圆斑。

生态习性：栖息于海拔300~1 600 m的山区流溪附近；以鳞翅目、鞘翅目、膜翅目等昆虫及其他小动物为食；繁殖期为4—8月。

华东分布：浙江，江西（贵溪、庐山、九江），福建北部。

濒危与保护等级：LC。

丁国骅 摄

丁国骅 摄

王隼凡　胡华丽　摄

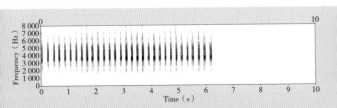

丁国骅 录

031 陈氏角蟾

Boulenophrys cheni
Chen's Horned Toad

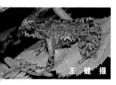
王 健 摄

鉴别特征： 背面密布疣粒，在背侧排列成平行的两列，其间有"X"形色斑；胫背大疣横向排列成4~5行；腹面光滑；上眼睑边缘处有一角状疣；鼓上褶明显，色浅；背面红棕色或黄褐色，具深色网纹；四肢背面有深色横纹。

生态习性： 栖息于海拔1 200~1 600 m亚热带常绿阔叶林的山涧中；推测繁殖期为4—9月。

华东分布： 江西（井冈山）。

濒危与保护等级： DD。

Boulenophrys daiyunensis
Daiyun Horned Toad

032 戴云角蟾

鉴别特征：背部粗糙，黄褐色或红棕色，密集分布的痣粒及分散的疣粒，背部中央具有"X"形斑纹，上眼睑的边缘具有瘤粒；雄性具有单咽下声囊。

生态习性：栖息于海拔400~1 250 m常绿阔叶林溪流附近的树叶或岩石上，推测其繁殖期为5—6月。

华东分布：福建（戴云山、厦门、漳州）。

濒危与保护等级：NE。

王臻棋 摄

王英永团队 提供

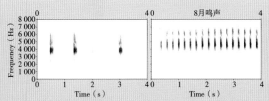

王臻棋 录

王英永团队 提供

033　道济角蟾

Boulenophrys daoji
Daoji's Horned Toad

王英永团队 提供

鉴别特征：鼓膜边缘明显凸起，上缘与鼓膜上褶皱接触；背部粗糙，有密集分布的疣粒，背部中央不连续的"X"形或")("形斑纹，背、小腿和大腿呈短横纹。

生态习性：栖息于海拔500~700 m的溪流两岸。

华东分布：浙江（天台、奉化）。

濒危与保护等级：NE。

王英永团队 提供

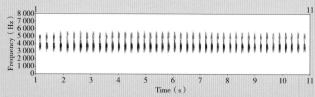

丁国骅 摄

Boulenophrys huangshanensis
Huangshan Horned Toad

034 黄山角蟾

鉴别特征： 趾侧无缘膜，趾间几乎无蹼；足内侧第1趾、第2趾基部有关节下瘤；两眼间有倒三角形斑，不与背部深色斑相连成宽带纹，背部为"X"形或"X"中间横向断开或不规则深色斑；肩上方浅色圆斑或半圆斑略显或不明显。

生态习性： 栖息于海拔500~1 600 m的山区流溪及其附近；繁殖期为5—7月。

华东分布： 浙江（临安、安吉、德清），安徽（黄山、歙县、祁门、石台、休宁、黟县、屯溪、宁国、青阳、泾县、旌德），江西（婺源）。

濒危与保护等级： VU。

丁国骅 摄

丁国骅

丁国骅 摄

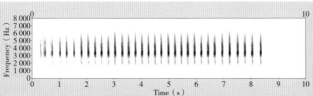

丁国骅 录

王英永团队 提供

035 井冈角蟾

Boulenophrys jinggangensis
Jinggang Horned Toad

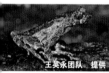

王英永团队 提供

王 健 摄

鉴别特征：背面密布疣粒；上眼睑具疣粒数颗，其中1颗极为明显，呈角状；背面浅棕色，有4条纵向平行的深棕色带纹，两眼间有1深棕色三角形斑；四肢及指趾背面浅棕色，具深棕色横纹；腹面灰色，散布黑色或棕色斑点。

生态习性：栖息于海拔700~850 m亚热带常绿阔叶林的山涧中；推测繁殖期早于9月中旬。

华东分布：江西（井冈山）。

濒危与保护等级：LC。

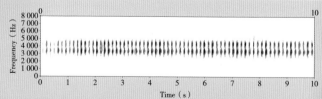

王英永团队 提供

王英永团队 提供

Boulenophrys jiulianensis
Jiulianshan Horned Toad

036　九连山角蟾

鉴别特征：背部皮肤粗糙，布满黑色角质刺的痣粒；体背具4条或平行或中央2条交叉成"X"形色斑；眼睑上缘有1个红色的疣粒，疣粒端部具1个黑色的角质刺；颗褶清晰，其上具黑色角质刺；体背颜色变异可由米黄过渡到红棕色，眼间有1个镂空的三角形黑斑块，躯干背面正中间有1个正方形的黑斑。

王健 摄

生态习性：栖息于海拔500~800 m的山区溪流；繁殖期为3—7月。

华东分布：江西（赣州）。

濒危与保护等级：NE。

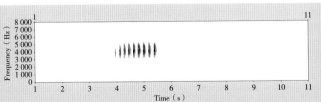

王英永团队 提供

丁国骅 摄

037 挂墩角蟾

Boulenophrys kuatunensis
Kuatun Horned Toad

丁国骅 摄

丁国骅 摄

鉴别特征：体背面一般为棕红色，背部"X"形斑均显著，并镶有橙黄色边；颞褶明显，呈白色。

生态习性：栖息于海拔600~1 300 m的山区流溪两旁草丛中；以鳞翅目、鞘翅目和膜翅目等昆虫及其他小动物为食；繁殖期为7—10月。

华东分布：福建（武夷山、建阳），江西（武夷山）。

濒危与保护等级：LC。

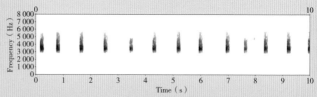

王斌 录

王英永团队 提供

Boulenophrys lini
Lin's Horned Toad

038　林氏角蟾

鉴别特征：背面光滑，散布疣粒；背部具弯曲肤棱数条；体侧有小疣，腹面光滑；上眼睑边缘处有一角状疣；鼓上褶窄，色浅；背面红棕色或橄榄色，眶间有一深色三角形斑，背面有"X"形色斑；黑色小刺散布第1指背面中部。

生态习性：栖息于海拔1 100~1 600 m亚热带常绿阔叶林的山涧中；推测繁殖期在10月中旬之前。

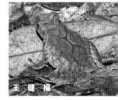

王 健 摄

华东分布：江西（井冈山）。

濒危与保护等级：VU。

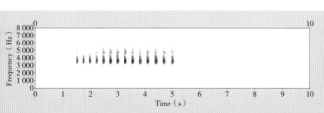

王英永团队 提供

丁国骅 摄

039　丽水角蟾

Boulenophrys lishuiensis
Lishui Horned Toad

丁国骅 摄

雌性 / 丁国骅 摄

鉴别特征：无犁骨棱和犁骨齿；舌游离端无缺刻；掌突2个；胫长不及体长之半；趾间无蹼，趾侧无缘膜；背部具"X"形斑纹或"X"形斑中间断开，色斑粗，边缘清晰且镶浅色边；头背三角形斑与体背斑块不相连；雄性肩部具不显著的浅色半圆斑。

生态习性：栖息于海拔600~1 200 m的山区溪流；繁殖期为4—8月。

华东分布：浙江（景宁、丽水、遂昌、青田）。

濒危与保护等级：NE。

冯 磊 摄

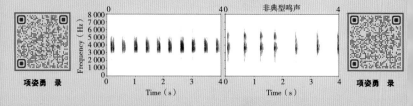
项姿勇 录　　非典型鸣声　　项姿勇 录

Boulenophrys nanlingensis
Nanling Horned Toad

040   南岭角蟾

鉴别特征： 背表面的痣粒形成一不连续的"X"形斑纹，躯干背面外侧一对不连续的背外脊棱；颞褶明显，黄褐色；背部为褐色，两眼间有具浅黄色镶边的深黑色三角形斑块，边缘为浅黄色，躯干中央有"X"形或"V"形标记，边缘为浅黄色。

生态习性： 栖息于海拔600~1 400 m的竹林溪流中；繁殖期为8—12月。

华东分布： 江西（赣州）。

濒危与保护等级： NE。

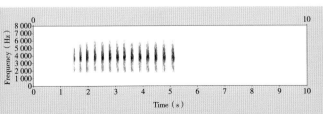

Kevin Messenger 摄

041 雨神角蟾

Boulenophrys ombrophila
Yushen Horned Toad

Kevin Messenger 摄

吴延庆 摄

鉴别特征: 无犁骨齿;左右跟部不相遇;后肢贴体前伸胫跗关节达眼后角;胫相对较短;趾间无蹼;在每一指基部关节下瘤明显;背部表面光滑,并散布一些刺疣和肤棱;两眼之间有三角形的嵴并带有小的刺疣;"Y"形的背脊并带有小的刺疣;眼睑的后缘带有角状的疣粒;颞褶明显;喉部拥有一条沿中线向下的短条纹,颜色比周围组织深。

生态习性: 栖息于海拔1 200 m左右,生境介于竹林和混合阔叶林之间。推测繁殖期为5月。

华东分布: 福建(武夷山)。

濒危与保护等级: NE。

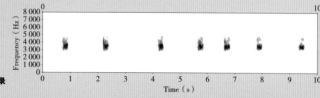
Kevin Messenger 录

丁国骅 摄

Boulenophrys sanmingensis
Sanming Horned Toad

042　三明角蟾

鉴别特征：背部粗糙，有密集分布的疣粒，黄褐色或红棕色；两眼间有一个深色不完整的三角形斑纹；背部中央具有一个深色的"X"形斑纹；侧面具扩大凸起的圆锥形瘤粒。

王英永团队　提供

生态习性：栖息于海拔500~1 300 m的常绿阔叶林包围的溪流中；推测繁殖期为4—8月。

华东分布：福建（明溪、将乐、泰宁、上杭），江西（南城、南丰、信丰）。

雌性 / 丁国骅 摄

濒危与保护等级：NE。

胡华丽　摄

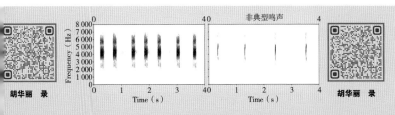

胡华丽　录　　　　　　　　　胡华丽　录

王英永团队 提供

043　铜钹山角蟾

Boulenophrys tongboensis
Mt Tongbo Horned Toad

鉴别特征：背部肤纹相对光滑，有小痣粒，背中央具边缘浅色的
"X"形或")("形肤棱；侧面具疣粒，有些形成短的纵
向肤棱；背侧面米色或橄榄色，两眼间具边缘浅色的褐
色"V"形或三角形色斑。

生态习性：栖息于海拔1 100 m左右的小溪附近，推测繁殖期7—
8月。

华东分布：江西（铜钹山）。

濒危与保护等级：NE。

王英永团队 提供

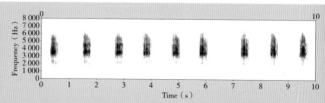

王英永团队 提供

Boulenophrys wugongensis
Wugongshan Horned Toad

044 武功山角蟾

鉴别特征： 体背痣粒密集，体侧和四肢背面具大疣粒；
上眼睑边缘有一角状的小疣粒；颞褶明显，
呈白色；背呈黄褐色或红棕色，眼间具一个
不完整的深色三角形斑块，背部有"X"形色
斑；腹面皮肤棕灰色，腹部具乳白色云斑和
黑色斑点。

雌性 / 王英永团队 提供

王 健 摄

生态习性： 栖息于海拔550~1 000 m的竹林小溪附近的
落叶层。

华东分布： 江西（萍乡、吉安）。

濒危与保护等级： NE。

丁国骅 摄

045　仙居角蟾

Boulenophrys xianjuensis
Xianju Horned Toad

丁国骅 摄

雌性 / 丁国骅 摄

鉴别特征：具犁骨棱，无犁骨齿；舌后端无缺刻；眼睑上方有一小的角状疣粒；鼓膜明显，圆形；趾基部具蹼迹；左右跟部重叠；胫跗关节贴体前伸达鼓膜到眼之间。

生态习性：栖息于海拔300~1 200 m的亚热带山区常绿阔叶林的溪流中。

华东分布：浙江（仙居、磐安、富阳）。

濒危与保护等级：NE。

丁国骅 摄

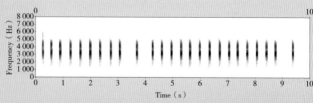
丁国骅 录

王英永团队　提供

Xenophrys mangshanensis
Mangshan Horned Toad

046　莽山角蟾

鉴别特征：吻棱锐而平直，连接上眼睑边缘棱，一直到
颞褶；趾侧有缘膜，趾间无蹼；眼间深色三
角形斑之后角向后延长与背中部"X"形深
色斑相连接；左、右鼻骨不相接，彼此相距
远；鼻骨与蝶筛骨和额顶骨均相接。

生态习性：栖息于海拔300~1 000 m的山区溪流中；推
测繁殖期为7月。

华东分布：江西（九连山）。

濒危与保护等级：NT。

王健　摄

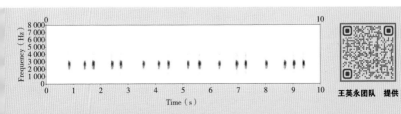

王英永团队　提供

Nikolay Poyarkov 摄

047 盘谷蟾蜍

Bufo bankorensis
Bankor Toad

鉴别特征： 鼓膜很小，约为眼径的1/3，部分被皮肤遮盖；背面瘰疣大小几乎一致，胫部无瘰疣。

生态习性： 栖息于海拔2 700 m以下的地区；以昆虫为食；繁殖期9月至翌年2月。

华东分布： 台湾。

濒危与保护等级： LC。

丁国骅 摄

Bufo gargarizans
Zhoushan Toad

048　中华蟾蜍

鉴别特征：体肥大，皮肤很粗糙，背面布满圆形瘰疣；体腹面深色斑纹很明显，腹后部有一个深色大斑块。

生态习性：栖息于海拔100～4 300 m的多种生态环境中；以昆虫、蜗牛、蚯蚓及其他小动物为主；繁殖期为1—6月。

华东分布：浙江，江苏，山东，福建，江西，安徽，上海。

濒危与保护等级：LC。

丁国骅 摄

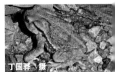

丁国骅 摄

钟俊杰 摄

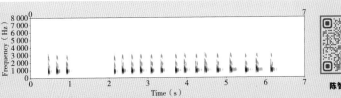

陈智强 录

丁国骅 摄

049 黑眶蟾蜍

Duttaphrynus melanostictus
Black-spectacled Toad

丁国骅 摄

丁国骅 摄

鉴别特征： 吻棱及上眼睑内侧黑色骨质棱明显，鼓膜大而显著；有鼓上棱，耳后腺不紧接眼后；雄蟾有内声囊。

生态习性： 栖息于海拔10~1 700 m的多种环境内，非繁殖期营陆栖生活，常活动在草丛、石堆、耕地、水塘边及住宅附近。繁殖期为5—7月。

华东分布： 浙江，江西，福建，台湾。

濒危与保护等级： LC。

丁国骅 冯磊 摄

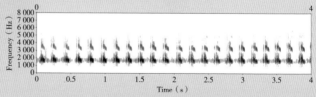

丁国骅 录

胡英超 摄

Strauchbufo raddei
Piebald Toad

050　花背蟾蜍

鉴别特征：体型较小，体长60 mm左右；指细而尖，第4指短，达第3指远端第2关节下瘤或为第3指的1/2，外蹠突远小于内蹠突；雄蟾声囊无色素。

生态习性：广布于东部海边至海拔3 300 m的多种生境中，能栖息在半荒漠、盐碱沼泽、林间草地和沙荒湿地；以地老虎、蝼蛄、蚜虫、金龟子等多种昆虫及其他小动物为食；繁殖期为3—6月。

华东分布：山东，安徽，江苏。

濒危与保护等级：NT。

戴建华 摄

胡英超 摄

陈静怡 摄

051 中国雨蛙

Hyla chinensis
Chinese Tree Toad

丁国骅 摄

丁国骅 摄

鉴别特征：眼后鼓膜上、下方棕色细线纹在肩部汇合成三角形斑；体侧、股前后方有大小不等的黑斑点。

生态习性：栖息于海拔200~1 000 m低山区；白天多匍匐在石缝或洞穴内，隐蔽在灌丛、芦苇、美人蕉以及高秆作物上；以蝽、金龟子、象鼻虫、蚁类等小动物为食；繁殖期为4—6月。

华东分布：安徽南部，江苏南部，上海，浙江，江西，福建，台湾。

濒危与保护等级：LC。

丁国骅 胡华丽 摄

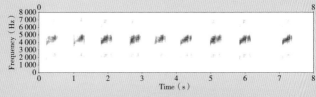

陈智强 录

丁国骅 摄

Hyla sanchiangensis
Sanchiang Tree Toad

052　三港雨蛙

鉴别特征：眼前下方至口角有一块明显的灰白斑，眼后鼓膜上、下方两条深棕色线纹在肩部不相汇合；体侧后段、股前后、胫腹面有黑棕色斑点。

生态习性：栖息于海拔300~1 500 m的山区稻田及其附近；以叶甲虫、金龟子、蚁类以及高秆作物上的多种害虫为食；繁殖期为4—5月。

华东分布：安徽，浙江，江西（贵溪、井冈山），福建。

濒危与保护等级：LC。

鸣叫 / 丁国骅 摄

抱对 / 丁国骅 摄

丁国骅　汪艳梅　摄

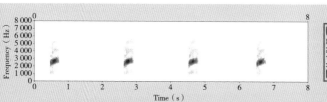

丁国骅　录

053　秦岭雨蛙

Hyla tsinlingensis
Tsinling Tree Toad

鉴别特征： 体型较大，体长在40 mm左右；吻端和头侧有镶细黑线的棕色斑，体侧斑点多，一般呈镶嵌式。

生态习性： 栖息于海拔900~1 800 m的山区；白昼多栖于杂草和灌丛中，晚上雄蛙多在秧田、河边树丛、麦地、田埂以及山坡灌木草丛中鸣叫；繁殖期为5—6月。

华东分布： 安徽（岳西、霍山）。

濒危与保护等级： LC。

Kevin Messenger 摄

Dryophytes immaculata
Chinese Immaculate Tree Toad

054   无斑雨蛙

鉴别特征：背部纯绿，鼻孔至眼之间无深色线纹，体侧和胫前后无黑色斑点，肛上方有一条细白横纹，足略长于胫，趾有1/3蹼。

生态习性：栖息于海拔200~1 200 m的山区稻田及农作物秆上、田埂边、灌木枝叶上；以多种昆虫等小动物为食；繁殖期为5—6月。

华东分布：山东南部，安徽，江苏，上海（存疑），浙江（存疑），江西，福建（邵武）。

濒危与保护等级：LC。

Kevin Messenger 摄

Amaël Borzée 摄

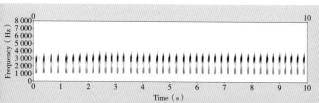

Amaël Borzée 录

丁国骅 摄

055　北方狭口蛙

Kaloula borealis
Boreal Digging Frog

卵/戴建华 摄

丁国骅 摄

鉴别特征：体形宽扁，头宽大于头长，指、趾末端不膨大，除第4趾外，其余各趾均为半蹼；雄蛙仅胸部有厚皮肤腺。

生态习性：栖息于海拔50~1 200 m的平原和山区，常栖息于住宅或水坑附近的草丛中或土穴内或石下；以各种昆虫和树根、花、叶为食；繁殖期为5—8月。

华东分布：安徽，江苏，山东，浙江（安吉、杭州），上海。

濒危与保护等级：LC。

丁国骅　王臻祺 摄

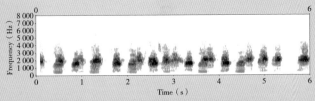

陈巧尔 录

Kaloula pulchra
Piebald Digging Frog

056　花狭口蛙

鉴别特征：体型较大，雄蛙体长60~70 mm，雌蛙体长 55~77 mm；背面有"⌒"形浅色宽纹；趾 间具微蹼。

生态习性：栖息于海拔150 m以下的住宅附近或山边的石 洞、土穴中或树洞里；以蚁类为食；繁殖期 为3—8月。

华东分布：福建，台湾西南部。

濒危与保护等级：LC。

鸣叫 / 袁智勇 摄

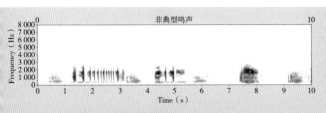

王英永团队 提供

丁国骅 摄

057 北仑姬蛙

Microhyla beilunensis
Beilun Pygmy Frog

丁国骅 摄

丁国骅 摄

鉴别特征：体背褐色或灰褐色，具有浅褐色边缘的深褐色斑纹；背侧皮肤粗糙且具有密集的疣粒，身体后部腹面、泄殖腔区及后肢具痣粒。

生态习性：栖息于海拔100~600 m山区的梯田、水坑、池塘及临近的草丛、地洞和泥坑；繁殖期为3—4月。

华东分布：浙江（宁波北仑、遂昌、龙泉、景宁）。

濒危与保护等级：DD。

丁国骅 录

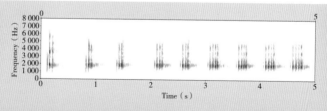

Microhyla butleri
Tubercled Pygmy Frog

058　粗皮姬蛙

鉴别特征：背面皮肤粗糙，满布疣粒；趾间具微蹼；
　　　　　指、趾末端均具吸盘，其背面有纵沟；背部
　　　　　有镶黄边的黑酱色大花斑。

生态习性：栖息于海拔100~1 300 m的山区；成蛙常栖
　　　　　息于山坡水田、水坑边土隙或草丛中；繁殖
　　　　　期为4—6月。

华东分布：江西，福建，浙江，台湾。

濒危与保护等级：LC。

丁国骅 摄

059 饰纹姬蛙

Microhyla fissipes
Ornamented Pygmy Frog

鸣叫 / 丁国骅 摄

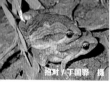
抱对 / 丁国骅 摄

鉴别特征：趾间具蹼迹；指、趾末端圆而无吸盘及纵沟；背部有两个前后相连续的深棕色"∧"形斑，或者在第1个"∧"形斑后面有一个"∧"形斑。

生态习性：栖息于海拔1 400 m以下的平原、丘陵和山地的水田、泥窝或土穴内，或在水域附近的草丛中；以蚁类为食；繁殖期为3—8月。

华东分布：安徽，江苏，浙江，上海，江西，福建，台湾。

濒危与保护等级：LC。

丁国骅 陈静怡 摄

丁国骅 录

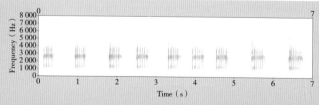

丁国骅 摄

Microhyla heymonsi
Arcuate-spotted Pygmy Frog

060　小弧斑姬蛙

鉴别特征：背腹面皮肤光滑，背面散有细痣粒；在背部脊线上有一对或两对黑色弧形斑。

生态习性：栖息于海拔70～1 500 m的山区稻田、水坑边、沼泽泥窝、土穴或草丛中；捕食昆虫和蛛形纲等小动物；繁殖期为5—9月。

华东分布：江西，福建，安徽，江苏，浙江，台湾。

濒危与保护等级：LC。

丁国骅 摄

丁国骅 摄

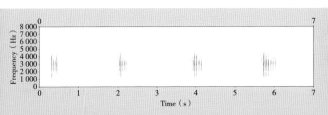

丁国骅 录

石胜超 摄

061 合征姬蛙

Microhyla mixtura
Mixtured Pygmy Frog

石胜超 摄

腹部/石胜超 摄

鉴别特征：与北仑姬蛙（P68）色斑相似，其身体后部腹面、泄殖腔区及后肢无痣粒。指端无吸盘，其背面亦无纵沟，可区别于粗皮姬蛙（P69）及小弧斑姬蛙（P71）；趾端具吸盘，其背面有纵沟，可区别于花姬蛙（P73）与饰纹姬蛙（P70）。

生态习性：栖息于海拔100~1 700 m的山区稻田、水坑或其附近的草丛、土穴及泥窝内；繁殖期为5—6月。

华东分布：安徽。

濒危与保护等级：LC。

袁智勇 摄

Microhyla pulchra
Beautiful Pygmy Frog

062　花姬蛙

鉴别特征：背面皮肤光滑，疣粒少；两眼后方有一横沟；后腹部、股下方及肛孔附近小疣颇多；体色鲜艳，背面粉棕色缀有棕黑色及浅棕色花纹，体背面有若干相套叠的"∧"形斑，胯部及股后多为柠檬黄色。

生态习性：栖息于海拔10~1 400 m的平原、丘陵和山区，常栖息于水田、园圃及水坑附近的泥窝、洞穴或草丛中；繁殖期为3—7月。

华东分布：江西、福建、浙江（存疑）。

濒危与保护等级：LC。

鸣叫 / 王臻祺 摄

抱对 / 王臻祺 摄

游崇玮 摄

063 史氏小姬蛙

Micryletta steinegeri
Taiwan Little Pygmy Frog

游崇玮 摄

游崇玮 摄

鉴别特征： 指、趾关节下瘤大，其间具肤棱；指基下瘤明显；指、趾端无吸盘，背面无纵沟；眼鼻下方至肩部、上臂背面有深色斑点；内蹠突椭圆。

生态习性： 栖息于海拔300~1 000 m的山区阔叶林中，多栖息在森林底部落叶间或洞穴内；繁殖期为夏季。

华东分布： 台湾中部和南部。

濒危与保护等级： LC。

张加勇 摄

Fejervarya kawamurai
Marsh Frog

064　川村陆蛙

鉴别特征： 遗传上与先岛陆蛙（P78）最近；体型小，雄
蛙为30~42 mm，雌蛙为36~49 mm，且鼓
膜、头、前肢、后肢、足以及胫相对体长的
长度较小。

张加勇 摄

生态习性： 栖息于平原、丘陵的稻田周围；以蚂蚁、
苍蝇、蜘蛛和蚯蚓等为食；繁殖期为5—
8月。

华东分布： 浙江（舟山），福建，台湾西部。

濒危与保护等级： LC。

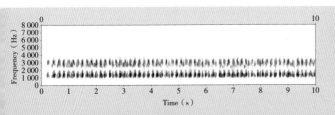

小原祐二 录

王聿凡 摄

065 海陆蛙

Fejervarya moodiei
Gulf Coast Frog

游崇玮 摄

王聿凡 摄

鉴别特征：与泽陆蛙（P77）相近，体型较大；第5趾游离侧缘膜发达；无外蹠突；雄蛙有一对咽侧下外声囊。两眼之间有一小白点，后面还有一个"∧"形的斑纹；背部具有"W"形的斑纹，其后也同样有一个"∧"形斑纹。

生态习性：栖息于近海边的咸水或半咸水地区，耐盐碱。成蛙常栖息于海边的海潮能够波击的海岸区，以红树林地区较为常见；一般以虾、小鱼和小螃蟹为食。

华东分布：台湾（台北、新竹、花莲、台南）。

濒危与保护等级：EN。

丁国骅 摄

Fejervarya multistriata
Hong Kong Rice-paddy Frog

066　泽陆蛙

鉴别特征：背部皮肤粗糙，体背面有数行长短不一的纵肤褶；上下唇缘有棕黑色纵纹，四肢背面各节有棕色横斑2~4条；第5趾无缘膜或极不明显；有外蹠突；雄蛙有单咽下外声囊。

生态习性：栖息于平原、丘陵和海拔2 000 m以下山区的稻田、沼泽、水塘、水沟等静水域或其附近的旱地草丛；繁殖期为4—9月。

华东分布：山东，安徽，江苏，浙江，上海，江西，福建，台湾。

濒危与保护等级：LC。

丁国骅 摄

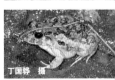
丁国骅 摄

丁国骅 摄

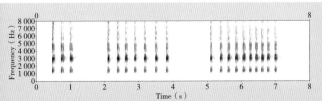

丁国骅 录

小原祐二 摄

067　先岛陆蛙

Fejervarya sakishimensis
Sakishima Rice Frog

鉴别特征：体型大，雌蛙体长49~69 mm，雌蛙体长45~56 mm；第5趾外侧有一皮肤脊；外蹠突低。

生态习性：栖息于沼泽、沟渠、稻田和平原上临时性水塘的草地周围，以及山区森林；繁殖期为4—8月。

华东分布：分布于台湾东部。

濒危与保护等级：DD。

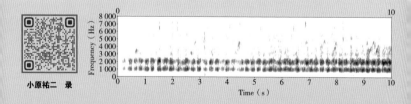

小原祐二 录

丁国骅 摄

Hoplobatrachus chinensis
Chinese Tiger Frog

068　虎纹蛙

鉴别特征：体型硕大，体长可达100 mm以上；体背面粗糙，多为黄绿色或灰棕色，散有不规则的深绿褐色斑纹；下颌前侧方有两个骨质齿状突；鼓膜明显；雄蛙声囊内壁黑色。

生态习性：栖息于海拔20~1 100 m的山区、平原、丘陵地带的稻田、鱼塘、水坑和沟渠内。捕食各种昆虫，也捕食蝌蚪、小蛙及小鱼等；繁殖期为3—8月。

华东分布：安徽，江苏，上海，浙江，江西，福建，台湾。

濒危与保护等级：EN；国家二级重点保护动物（仅限野外种群）。

雌性／丁国骅 摄

Amaël Borzée 摄

丁国骅　录

广告鸣声　　　领地鸣声

Frequency（Hz）

Time（s）　　Time（s）

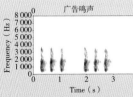

丁国骅　录

丁国骅 摄

069 福建大头蛙

Limnonectes fujianensis
Fujian Large-headed Frog

雌性 / 丁国骅 摄

鉴别特征：雄蛙头大，枕部高起；背面大疣多，呈圆形或长圆形，眼后和颞褶上方有一条明显的长腺褶；趾间约为半蹼，即第4趾两侧蹼的凹陷处不超过第2关节下瘤；第1趾较短，趾端仅达第2趾近端关节下瘤。

生态习性：栖息于海拔600~1 100 m的山区；成体常栖息于路边和田间排水沟的小水坑或浸水塘内，白天多隐蔽在落叶或杂草间，行动较迟钝。繁殖期推测为5—8月。

华东分布：浙江（杭州、宁波、温州、丽水、衢州），江苏（苏州），江西（贵溪、庐山、九连山），福建（武夷山、邵武、南平、长汀），安徽（休宁），台湾。

濒危与保护等级：NT。

Occidozyga lima
Pointed-tongue Floating Frog

070　尖舌浮蛙

鉴别特征： 体型小而肥壮，雄蛙体长20~23 mm，雌蛙体长27~
　　　　　　35 mm；体背多为绿灰色或绿棕色，有的背中央有较宽
　　　　　　的浅棕色脊纹和黑斑点；腹面淡黄色或白色，咽喉部黄
　　　　　　褐色。

生态习性： 栖息于海拔10~650 m的池塘及较大的水坑内或稻田中；
　　　　　　繁殖期为4—8月。

华东分布： 江西（全南、上犹、九连山），福建南部。

濒危与保护等级： VU。

戴建华　摄

曾 昱 摄

071 棘腹蛙

Quasipaa boulengeri
Spiny-bellied Frog

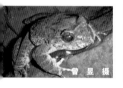

曾 昱 摄

鉴别特征：体肥壮；雄蛙胸、腹部满布大小黑刺疣。

生态习性：栖息于海拔300~1 900 m的山区流溪或其附近水塘中；以昆虫为食；繁殖期为5—8月。

华东分布：江西。

濒危与保护等级：VU。

腹部 / 张永普 摄

Quasipaa exilispinosa
Little Spiny Frog

072 小棘蛙

鉴别特征：与棘胸蛙（P85）相似，背部疣粒具黑刺，但体型较小，体长不超过80 mm；雄蛙体长37 mm即出现婚刺，45 mm均达性成熟；第4趾两侧蹼缺刻深，非满蹼。

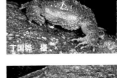

生态习性：栖息于海拔500~1 400 m植被繁茂的水面宽度约1 m以下的小山溪内或沼泽地边石下；以多种昆虫和蜘蛛为食，繁殖期为6—7月。

华东分布：江西（贵溪、寻乌），福建（德化、武夷山、建阳、南靖、诏安、三明），浙江（温州、丽水），安徽（休宁）。

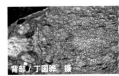

背部／丁国骅 摄

濒危与保护等级：VU。

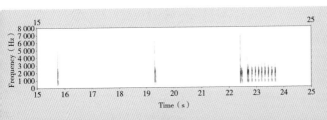

丁国骅 录

丁国骅 摄

073 九龙棘蛙

Quasipaa jiulongensis
Jiulong Spiny Frog

丁国骅 摄

丁国骅 摄

鉴别特征: 与棘胸蛙（P85）相似，但背部疣粒无黑刺，背面两侧各有4~5个黄色斑点，排列成纵行；体腹部有褐色虫纹斑；胫跗关节前达吻端；雄蛙胸部锥状角质刺大而稀疏。

生态习性: 栖息于海拔700~1 200 m山区的流溪中，溪旁树木茂密；以昆虫、小螃蟹及其他小动物为食；繁殖期为5—10月。

华东分布: 江西（贵溪、上饶），浙江（丽水、温州、衢州、台州），福建（德化、武夷山、建阳、光泽）。

濒危与保护等级: VU。

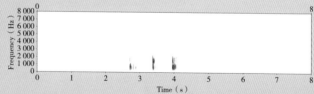

丁国骅 录

丁国骅 摄

Quasipaa spinosa
Chinese Spiny Frog

074　棘胸蛙

鉴别特征：体形肥硕；胸部每个肉质疣上仅一枚小黑刺；体侧无刺疣，背面、体侧皮肤不十分粗糙，体背疣粒具黑刺。

生态习性：栖息于海拔600~1 500 m林木繁茂的山溪内；白天多隐藏在石穴或土洞中，夜间多蹲在岩石上；以昆虫、溪蟹、蜈蚣、小蛙为食；繁殖期为5—9月。

华东分布：安徽，江苏，浙江，江西，福建。

濒危与保护等级：VU。

腹部／丁国骅 摄

丁国骅 摄

王聿凡 摄

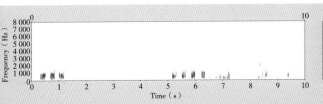

冯磊 录

张保卫研究组 · 提供

075 叶氏隆肛蛙

Quasipaa yei
Ye's Spiny-vented Frog

变态中 / 张保卫研究组 · 提供

张保卫研究组 · 提供

鉴别特征： 雄蛙肛部囊泡状隆起明显，肛孔下方有两个大的白色球形隆起，每个隆起上均有多枚锥状黑刺；雌蛙肛孔上方有一大的囊泡状突起，肛孔下方有两个小囊状突，囊状突上有白色疣粒，疣粒中央有黑刺。

生态习性： 栖息于海拔300~600 m林木繁茂的山区，成蛙栖息于水流较急的流溪内及其附近；以昆虫为食；繁殖期为5—8月。

华东分布： 安徽（霍山、潜山、金寨、岳西）。

濒危与保护等级： VU；国家二级重点保护动物。

丁国骅 摄

Amolops chunganensis
Chong'an Torrent Frog

076　崇安湍蛙

鉴别特征： 体型较小；吻较长，约为体长15%；第3指吸盘小于鼓膜；颞褶不显；背侧褶较窄。

生态习性： 栖息于海拔700~1 800 m林木繁茂的山区溪流边灌木上；繁殖期为5—8月。

华东分布： 浙江（江山、泰顺、遂昌、龙泉、庆元），福建（武夷山、邵武、德化）、江西（井冈山、黄岗山）。

濒危与保护等级： LC。

丁国骅 摄

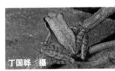

丁国骅 摄

谢 伟 摄

王英永团队 提供

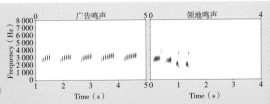

王英永团队 提供

王英永ZZ 提供

077　戴云湍蛙

Amolops daiyunensis
Daiyun Torrent Frog

鉴别特征：下颌前侧方无大的齿状突；雄蛙有乳白色婚垫和1对咽侧下内声囊；体型相对较大、吻长明显大于眼径、鼓膜小；皮肤较光滑；跗部有宽厚腺体。

生态习性：栖息于海拔700~1 400 m的山溪或其附近；以多种昆虫、蚁类、蜘蛛等小动物为食；繁殖期为4—7月。

华东分布：江西（贵溪），福建（德化、南靖、诏安、永定）。

濒危与保护等级：VU。

袁智勇 摄

袁智勇 摄

丁国骅 摄

Amolops ricketti
South China Torrent Frog

078　华南湍蛙

鉴别特征：具犁骨齿；雄性第1指通常具粗壮的乳白色绒毛状婚刺，无声囊。

生态习性：栖息于海拔400~1 500 m的山溪内或其附近；成蛙捕食蝗虫、蟋蟀、金龟子等多种昆虫及其他小动物；繁殖期为5—6月。

华东分布：江西（铅山、贵溪、井冈山、九连山），浙江（存疑），福建。

濒危与保护等级：LC。

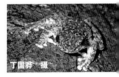
丁国骅 摄

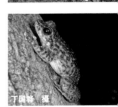
丁国骅 摄

吕植桐 摄

079 潮州湍蛙

Amolops teochew
Teochew Torrent Frog

吕植桐 摄

吕植桐 摄

鉴别特征：体形扁平，背面为棕色，背部和头部有浅黄色大理石花纹，四肢有明显的浅色横条；皮肤轻微起皱，四肢侧面及后部具有疣粒；无犁骨齿。

生态习性：栖息于海拔700 m以上的湍急的溪流中，特别是在陡峭的瀑布附近；推测繁殖期为5—10月。

华东分布：福建（漳州、龙岩）。

濒危与保护等级：NE。

丁国骅 摄

Amolops wuyiensis
Wuyi Torrent Frog

080　武夷湍蛙

鉴别特征： 无犁骨齿；雄蛙第1指上通常具棕黑色角质婚刺，有1对咽侧下内声囊。

生态习性： 栖息于海拔100~1 300 m较宽的流溪内或其附近，溪流两岸乔木、灌丛和杂草茂密；以昆虫、小螺等小动物为食；繁殖期为5—6月。

华东分布： 安徽南部，江西，浙江，福建。

濒危与保护等级： LC。

丁国骅 摄

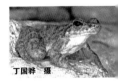
丁国骅 摄

王聿凡 摄

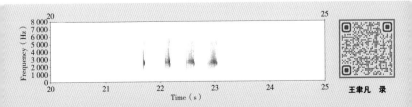
王聿凡 录

王英永团队 提供

081　小腺蛙

Glandirana minima
Little Gland Frog

鉴别特征：指、趾末端略膨大，趾腹面有侧腹沟；体长不超过
32 mm；背面黄褐色；无背侧褶；背部及体侧有8行左
右长短不一的纵肤棱。雄蛙具一对咽侧下内声囊，无肩
腺、无肱腺。

生态习性：栖息于海拔100~600 m山区或丘陵，成蛙多栖于小水
坑、沼泽或小溪边的草丛中；繁殖期为6—9月。

华东分布：福建（福清、福州、长乐、永泰）。

濒危与保护等级：CR。

丁国骅 摄

Glandirana tientaiensis
Tientai Rough-skinned Frog

082　天台粗皮蛙

鉴别特征： 背部疣粒略呈圆形，排列很不规则；吻端钝圆；后肢前伸贴体时胫跗关节达鼓膜；左、右跟部不相遇；有指基下瘤；第4趾蹼达趾端。

生态习性： 栖息于海拔100~600 m的丘陵或山区，成蛙多栖息在较开阔的流溪岸边，少数栖息于流溪附近的静水塘内；繁殖期为6—7月。

华东分布： 安徽南部，浙江。

濒危与保护等级： NT。

丁国骅 摄

丁国骅 摄

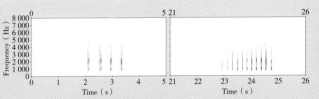

王聿凡 录

丁国骅 摄

083 沼蛙

Sylvirana guentheri
Guenther's Frog

丁国骅 摄

丁国骅 摄

鉴别特征：体长70 mm左右，体型大而狭长；雄性有1对咽侧下外声囊；指端没有腹侧沟；雄蛙前肢基部有肱腺。

生态习性：栖息于海拔1 100 m以下的平原、丘陵和山区；成蛙多栖息于稻田、池塘或水坑内，常隐蔽在水生植物丛间、土洞或杂草丛中，以昆虫为主，还觅食蚯蚓、田螺以及幼蛙；繁殖期为5—7月。

华东分布：安徽，江西，江苏，上海，浙江，福建，台湾。

濒危与保护等级：LC。

项姿勇 摄

项姿勇 录

Hylarana latouchii
Broad-folded Frog

084　阔褶水蛙

鉴别特征：背侧褶宽厚，其宽度大于或等于上眼睑宽，褶间距窄；颌腺甚明显。

生态习性：栖息于海拔30～1 500 m的平原、丘陵和山区；成蛙常栖于山旁水田、水池、水沟附近，很少在山溪内；以昆虫等小动物为食；繁殖期为3—5月。

华东分布：安徽，江苏，浙江，江西（贵溪），福建，台湾。

濒危与保护等级：LC。

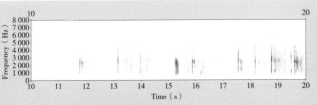

丁国骅　录

085 台北纤蛙

Hylarana taipehensis
Taipei Slender Frog

鉴别特征：体细长；背侧褶金黄色，其间绿色；吻较长而尖；后肢前伸胫跗关节达鼻孔或鼻眼之间。

生态习性：栖息于海拔80~600 m的山区稻田、水塘或流溪附近，所在环境杂草茂密；多栖息在稻田附近的水沟和水塘边杂草丛中；繁殖期为5—7月。

华东分布：福建南部，台湾。

濒危与保护等级：NT。

丁国骅 摄

Nidirana adenopleura
East China Music Frog

086 弹琴蛙

鉴别特征： 背侧褶明显，自眼后直达胯部，后段不连续；第2指、第3指内外侧缘膜很明显；第1指、第5指游离侧缘膜明显；趾间具半蹼，第4趾外侧蹼几乎达到第2关节下瘤；生活时背面灰棕色或蓝绿色，一般有黑色斑点。

鸣叫 / 丁国骅 摄

丁国骅 摄

生态习性： 栖息于海拔30~1 800 m的山区梯田、水草地、水塘，成蛙白昼隐匿于石缝间；以多种昆虫、蚂蟥、蜈蚣为食；繁殖期为4—7月。

丁国骅 摄

华东分布： 浙江南部，福建北部，江西中部，台湾。

濒危与保护等级： LC。

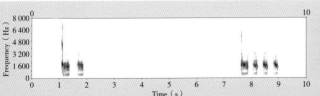

丁国骅 录

王健 摄

087 　粤琴蛙

Nidirana guangdongensis
Guangdong Music Frog

鉴别特征：背侧褶发达，具角质刺，自上眼睑后缘延伸至胯部上方，末端断断续续；第2指、第3指和第4指两侧均具明显缘膜，除第1指外均具腹侧沟，末端不相遇；各趾两侧均具缘膜，趾端略膨大形成长而尖的吸盘，趾腹侧沟发达。背面粗糙，具密集角质刺；体侧具密集疣粒及角质刺；体背后部背中线黄色；背侧褶深棕色；体背多为红棕色；虹膜上1/3部棕白色，下2/3部红棕色。

生态习性：栖息于自然池塘；繁殖期为 4—6 月。

华东分布：江西南部、福建南部。

濒危与保护等级：NE。

王健 摄

Nidirana mangveni
Mangven Chang's Music Frog

088　孟闻琴蛙

鉴别特征：头顶平坦且眼间松果体显著；第3指、第4指具腹侧沟，指无蹼，第3指、第4指内外具有显著缘膜，掌突3个；趾末端略膨大，具有长而尖的吸盘，腹侧沟显著，各趾内外侧均具有显著缘膜，内蹠突椭圆形，长约宽的3倍，外蹠突不显著；背部前端皮肤光滑，后端粗糙，背部后端及体侧均具密集疣粒，背侧褶自上眼睑后缘延伸至腹股沟上方；体背具一黄色背中线；体色多变，多为绿褐色、棕褐色或黄褐色；鼓膜浅褐色，其后方具一黑斑；虹膜上1/3灰褐色，下2/3红棕色。

生态习性：栖息于自然或人工的湿地、池塘和水田；推测繁殖期为5—8月。

华东分布：浙江（杭州、富阳、磐安）、江西（武夷山）。

濒危与保护等级：NE。

Nikolay Poyarkov 摄

089　琉球琴蛙

Nidirana okinavana
Ryukyu Music Frog

鉴别特征：体和四肢、腹面皮肤光滑，腹后部和腿基部粗糙，具颗
粒疣；背面灰褐色或深褐色，有许多小黑点，尤以体后
部斑点较多；有1条明显的浅色脊线从吻端直达肛部；背
侧浅褐色；腹侧灰褐色或黄褐色，有少许黑斑。

生态习性：栖息于海拔600 m左右的山区；成体常栖息在草丛间，
会掘洞，洞中多有积水，雄蛙多在树的根部或泥洞内
鸣叫。

华东分布：台湾（南投、宜兰）。

濒危与保护等级：NE。

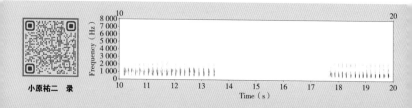

小原祐二　录

王 健 摄

Nidirana xiangica
Xiangjiang Music Frog

090　湘琴蛙

鉴别特征：体背不具背中线，体背和体侧具密集疣粒；第2指、第3
指和第4指两侧均具明显缘膜，第1指仅外侧具缘膜；各
趾两侧均具缘膜；肩腺大且粗糙，相当突出；背侧褶发
达，具稀疏角质刺，自上眼睑后缘延伸至胯部上方，末
端断断续续；体背多呈棕绿色；鼓膜浅棕色；虹膜上1/3
部棕白色，下2/3部红棕色。

生态习性：栖息于自然或人工的池塘和水田；推测繁殖期为5—
8月。

华东分布：江西（安福武功山）。

濒危与保护等级：NE。

丁国骅 摄

091 小竹叶蛙

Odorrana exiliversabilis
Fujian Bamboo-leaf Frog

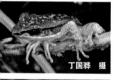

丁国骅 摄

雌性／丁国骅 摄

鉴别特征： 与竹叶蛙（P109）相似，但体型小，雄蛙体长48 mm左右，雌蛙体长58 mm左右；趾间全蹼，蹼缘凹陷较深，第1趾、第5趾外侧线所形成的夹角小于90°；雄蛙前臂较细，其宽约为前臂及手长的18.2%；背侧褶细窄。

生态习性： 栖息于海拔600~1 600 m的森林茂密山区溪流中，白天常在瀑布下深水坑两侧的石块上或在缓流处岸边。繁殖期不详。

华东分布： 福建（建阳、武夷山、德化），浙江（杭州、丽水、温州、衢州），安徽（黄山），江西（贵溪）。

濒危与保护等级： NT。

丁国骅 摄

Odorrana graminea
Large Odorous Frog

092　大绿臭蛙

鉴别特征： 体背面纯绿色，有背侧褶，雌蛙成体明显大于雄蛙，雄蛙咽侧有外声囊1对。

生态习性： 栖息于海拔400~1 200 m森林茂密的大中型山溪及其附近；流溪内大小石头甚多，环境极为阴湿，石上长有苔藓等植物；繁殖期为5—6月。

华东分布： 安徽（黄山），浙江，江西（上饶、鹰潭、抚州、井冈山），福建。

濒危与保护等级： LC。

雌性 / 丁国骅 摄

丁国骅 摄

吴延庆 摄

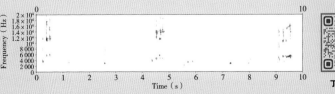

丁国骅 录

丁国骅 摄

093　黄岗臭蛙

Odorrana huanggangensis
Huanggang Odorous Frog

丁国骅 摄

鉴别特征：头体背面密布规则椭圆形和卵圆形褐色斑，斑点周围无浅色边缘；雄性背侧有粉白色雄性线；第1指婚垫乳白色；有1对咽侧下外声囊。

生态习性：栖息于海拔200~800 m的山区大小流溪中，其环境植被茂盛、阴湿，溪水湍急或平缓；成体常栖息在溪边的石块或岩壁上或隐于灌丛中；繁殖期为7—8月。

华东分布：福建（南平、泉州、三明、福州、漳州、龙岩），江西（上饶、鹰潭、抚州）。

濒危与保护等级：LC。

吴延庆 摄

丁国骅 摄

Odorrana tianmuii
Tianmu Odorous Frog

094   天目臭蛙

鉴别特征：身体背面颜色变异大，多为鲜绿色；头部斑纹较碎；四肢背面浅褐色横纹宽窄不一，胫部横纹4条或5条；雄性具1对咽侧下外声囊，背面有肉粉色雄性线，第1指具乳白色婚垫。

生态习性：栖息于海拔200~800 m的山区流溪中；生态环境植被茂盛、阴湿、溪水平缓、水面开阔；繁殖期为7月。

华东分布：浙江，安徽，江苏，福建（浦城）。

濒危与保护等级：LC。

丁国骅 摄

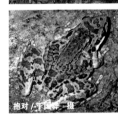
抱对 / 丁国骅 摄

丁国骅 录

丁国骅 摄

095 凹耳臭蛙

Odorrana tormota
Concave-eared Torrent Frog

丁国骅 摄

雌性/王聿凡 摄

鉴别特征: 背侧褶明显;鼓膜明显凹陷,雄蛙的几乎深陷成1外听道;有1对咽侧下外声囊。

生态习性: 栖息于海拔150~700 m的山溪附近;白天隐匿在阴湿的土洞或石穴内;夜晚栖息在山溪两旁灌木枝叶、草丛的茎秆上或溪边石块上;繁殖期为4—5月。

华东分布: 安徽(黄山),浙江,江西(婺源),江苏(宜兴),福建(宁德)。

濒危与保护等级: VU。

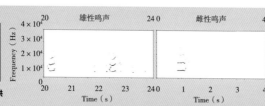

张方研究组 提供

张方研究组 提供

戴建华 摄

Odorrana schmackeri
Piebald Odorous Frog

096　花臭蛙

鉴别特征： 鼓膜大，约为第3指吸盘的2倍；上眼睑、
后肢背面及背部均无小白刺；雄蛙体长小于
50 mm，雌雄体长差异较大。

生态习性： 栖息于海拔800~1 400 m的山区流溪中及其
附近，所在地区一般林木繁茂，环境较为阴
湿；繁殖期为3月。

华东分布： 江西（罗霄山脉一带），安徽南部。

濒危与保护等级： LC。

戴建华 摄

Nikolay Poyarkov 摄

097　棕背臭蛙

Odorrana swinhoana
Brown-backed Odorous Frog

鉴别特征：体背面无明显大斑；身体颜色变异大，体背鲜绿色具褐色斑点，或体背褐色、棕色、灰色具绿色斑点或斑纹。雌雄体长差异小，雄蛙体长为雌蛙体长的3/4以上（雄蛙体长60 mm左右，雌蛙体长74 mm左右）。

生态习性：栖息于海拔300~2 500 m的山区溪流附近；终年栖息于溪涧内或小瀑布等处水边，白天成蛙躲藏在石缝或溪边草丛里；繁殖期为11月至翌年1月。

华东分布：台湾。

濒危与保护等级：NE。

戴建华 摄

Odorrana versabilis
Bamboo-leaf Frog

098　竹叶蛙

鉴别特征： 背部为棕色或绿色，棕色者还散有稀疏不规则的绿色斑点。体背侧至腹侧棕色由深逐渐变浅。四肢背面棕色，除上臂以外均有墨绿色横纹，股、胫各5条；股后下方有深浅相间的细云斑。腹面浅褐黄色，咽喉部有细云斑。

生态习性： 栖息于海拔800~1 350 m的山区流溪中及其附近，所在地区一般林木繁茂，环境较为阴湿；繁殖期为3月。

华东分布： 安徽（祁门），江西中部。

濒危与保护等级： NT。

王英永团队 提供

099　宜章臭蛙

Odorrana yizhangensis
Yizang Odorous Frog

鉴别特征： 体型较小，雄性体长47~54 mm，雌性体长58~72 mm；雄性鼓膜较大，约为第3指吸盘的2倍；雄性上眼睑、颞部、体背后部及后肢背面均无白色刺群；体背面棕色斑大而密，形状不规则；腹面褐色，其上斑纹稀少。

生态习性： 栖息于海拔1 000~1 200 m的常绿阔叶林区；推测繁殖期为6—7月。

华东分布： 江西（井冈山）。

濒危与保护等级： NT。

戴建华 摄

Pelophylax fukienensis
Fukien Gold-striped Pond Frog

100　福建侧褶蛙

鉴别特征：皮肤光滑，仅体背后部有小疣粒；与金线侧褶蛙（P114）的主要区别是该种背侧褶较窄，几乎近于平行；头长略大于头宽；内蹠突较短，约为第1趾长的1/2；后肢较长，左、右跟部重叠或相遇，胫跗关节可达眼中部。

生态习性：栖息于海拔1 200 m以下的水库和池塘；以昆虫、蜘蛛、蚯蚓、小螃蟹、螺类等为食；繁殖期为4—6月。

华东分布：江西（铅山、广丰、九江、庐山、南昌、萍乡），福建，台湾（台北、台中、台南、嘉义、新竹、恒春）。

濒危与保护等级：NT。

戴建华 摄

戴建华 摄

戴建华 摄

101 湖北侧褶蛙

Pelophylax hubeiensis
Hubei Gold-striped Pond Frog

鉴别特征：与金线侧褶蛙（P114）相似，其主要区别为该种背侧褶宽厚，体背面光滑或有小疣，雄蛙无声囊，而金线侧褶蛙具1对咽侧内声囊。

生态习性：栖息于海拔60~1 000 m的农田；成蛙多集中在长有水草或藕叶的池塘内，以昆虫为食，也捕食螺类、蜘蛛、小鱼等多种小动物；繁殖期为4—7月。

华东分布：安徽西部，江西（庐山）。

濒危与保护等级：LC。

戴建华 摄

丁国晔 摄

Pelophylax nigromaculatus
Black-spotted Pond Frog

102　黑斑侧褶蛙

鉴别特征：背面皮肤较粗糙，背侧褶宽，其间有长短不一的肤棱；体背面颜色多样，有淡绿色、黄绿色、深绿色、灰褐色等颜色，杂有许多大小不一的黑斑纹；自吻端沿吻棱至颞褶处有1条黑纹；四肢背面浅棕色，前臂常有棕黑横纹2~3条，股、胫部各有3~4条；雄性有1对咽侧外声囊。

生态习性：栖息于平原或丘陵的水田、池塘、湖沼区及海拔2 200 m以下的山地；繁殖期为3—4月。

华东分布：浙江，江西，福建，山东，江苏，上海，安徽。

濒危与保护等级：NT。

丁国晔 摄

丁国晔 摄

王律凡 摄

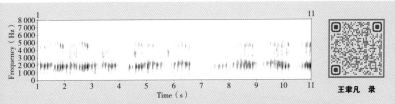

王律凡 录

丁国骅 摄

103　金线侧褶蛙

Pelophylax plancyi
Beijing Gold-striped Pond Frog

雄性 / 丁国骅 摄

陈巧尔 摄

鉴别特征： 皮肤光滑或有疣粒，趾间几乎满蹼；内蹠突极发达；背侧褶宽，其最宽处与上眼睑等宽；大腿后部云斑少，有清晰的黄色与酱色纵纹；雄蛙有1对咽侧下内声囊。

生态习性： 栖息于海拔50~200 m的稻田池塘中；繁殖期为4—6月。

华东分布： 山东，安徽，江苏，浙江，上海，台湾，江西。

濒危与保护等级： LC。

陈巧尔 摄

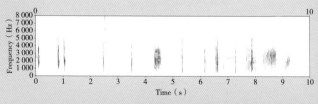

汪艳梅 录

车 静 摄

Rana chensinensis
Chinese Brown Frog

104 中国林蛙

鉴别特征：背侧褶在鼓膜上方呈曲折状；后肢前伸贴体时胫跗关节超过眼或鼻孔；外侧3趾间几乎近2/3蹼；鼓膜部位有三角形黑斑。雄蛙第1指基部的两个大婚垫内下侧间的间距明显，近腕部一团不大于指部一团；有1对咽侧下内声囊。

胡超超 摄

生态习性：栖息于海拔200~2 100 m山地森林植被较好的静水塘或山沟附近；喜于流水环境中；繁殖期为2—7月。

胡超超 摄

华东分布：山东，安徽。

濒危与保护等级：LC。

车 静 摄

105 韩国林蛙

Rana coreana
Korean Brown Frog

鉴别特征： 趾间蹼不发达，蹼不达趾末端；体和四肢背面呈淡橘黄色（雌性）或灰黄色（雄性），无斑纹或甚少；后肢前伸贴体时胫跗关节达鼻眼之间或达眼前；第1指基部婚垫发达，褐色，可分为两团，近指基部者小，远端者大。

生态习性： 雌雄蛙抱对和雌蛙产卵多在向阳的流溪水潭内或静水坑中进行；繁殖期为3—6月。

华东分布： 山东（烟台）。

濒危与保护等级： NE。

Rana culaiensis
Culai Brown Frog

106 祖徕林蛙

鉴别特征： 体背面多为红褐色或棕灰色而无深色斑，颞部有黑色三角斑，眼间无深色横斑；腹面乳黄色；后肢前伸贴体时胫跗关节达鼻孔；雄性第1指具大的婚刺。

生态习性： 栖息于海拔600~900 m的祖徕山地区；繁殖期为3—4月。

华东分布： 山东（祖徕）。

濒危与保护等级： DD。

李丕鹏 摄

雌性/李丕鹏 摄

张保卫研究组 提供

107　大别山林蛙

Rana dabieshanensis
Dabie Mountain Brown Frog

张保卫研究组 提供

鉴别特征: 明显的灰褐色横纹在前臂背侧表面、跗骨、大腿和胫骨；背侧皮肤光滑，背部颜色从金色到棕色不等；腿上有小颗粒但无大结节；具有一个直的背侧褶，从颞褶区到腹股沟；灰色的婚垫明显，并有细小的婚刺。

生态习性: 栖息于海拔1 100 m左右山区溪流附近的落叶阔叶林、藤蔓和灌木中；繁殖期为8月。

华东分布: 安徽（大别山）。

濒危与保护等级: DD。

王聿凡 摄

Rana hanluica
Hanlui Brown Frog

108 寒露林蛙

鉴别特征：股部背面黑褐色横纹窄、整齐，约9条；后肢
前伸贴体时胫跗关节达吻端或超过；趾间蹼
至第1趾节；雄蛙无雄性线。

生态习性：栖息于海拔800~1 300 m山谷较平坦及背风
向阳地区；繁殖期为10月。

华东分布：江西，浙江（丽水、宁波）。

濒危与保护等级：LC。

幼蛙 / 丁国骅 摄

王聿凡 摄

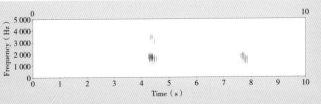

王聿凡 录

王英永团队 提供

109 九岭山林蛙

Rana jiulingensis
Jiuling Mountains Brown Frog

鉴别特征： 颞褶缺失；背侧褶明显，较细，从上眼睑后缘延伸至胯部；后肢贴体前伸时胫跗关节过吻；皮肤光滑，两侧具些许痣粒；繁殖期的雄性第1指具三团婚垫，婚垫上密布婚刺；繁殖期的雄性颊部和颞部具红色疣粒。

生态习性： 栖息在亚热带常绿阔叶林的地面或灌丛上；繁殖期始于9月。

华东分布： 江西（安福、宜丰）。

濒危与保护等级： NE。

Rana longicrus
Long-legged Brown Frog

110   长肢林蛙

鉴别特征：四肢细长，后肢前伸贴体时胫跗关节超过吻端；背侧褶在鼓膜上方略弯曲；雄蛙蹼间具1/3 ~ 1/2蹼，雌蛙蹼较弱；雄蛙第1指上婚垫（刺）在基部处为一团。

生态习性：栖息于海拔1 000 m以下的平原和丘陵，以阔叶林和农耕地为主要栖息环境；主要捕食腹足纲、寡毛纲、蛛形纲、甲壳纲、昆虫纲和蜈蚣等小动物；繁殖期为12月至翌年1月。

华东分布：台湾，福建（武夷山、明溪），江西（永丰）。

濒危与保护等级：LC。

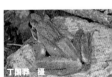

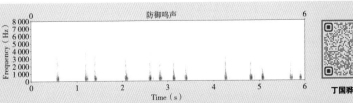

Nikolay Poyarkov 摄

111　梭德氏蛙

Rana sauteri
Sauter's Frog

鉴别特征： 体背和四肢背面颜色变异颇大，有鲜红色、橙红色、灰泥色、黄褐色、赤褐色等，眼眶间有黑色横纹，眼至吻和颞褶下方及鼓膜周围区域为黑色或深褐色；体背部颗粒状突起部位为黑色，背部中央偶见"八"字形黑斑；四肢、腹面淡橙色，具黑色或黑灰色斑纹或呈网纹状。

生态习性： 栖息于海拔200~500 m的低山区；繁殖期为4—5月。

华东分布： 台湾。

濒危与保护等级： NE。

丁国骅 摄

Rana zhenhaiensis
Zhenhai Brown Frog

112　镇海林蛙

鉴别特征：体型相对较小，雄蛙体长40~57 mm，雌蛙体长 36~60 mm；背侧褶在鼓膜上方略弯；雄蛙婚垫 灰色，基部者不明显分为两团；后肢比长肢林蛙 （P121）短，后肢前伸贴体时胫跗关节仅达吻端； 趾间蹼至第2趾节。

丁国骅 摄

生态习性：栖息于近海平面至海拔1 800 m的山区，所在环境植被 较为繁茂，乔木、灌丛和杂草丛生；非繁殖期成蛙多分 散在林间或杂草丛中活动，觅食多种昆 虫及小动物；繁殖期为12月至翌年4月。

华东分布：安徽南部，江苏南部，浙江，江西， 福建。

濒危与保护等级：LC。

卵块 / 钟俊杰 摄

钟俊杰 摄

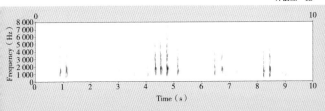

王聿凡 录

游崇玮 摄

113 周氏树蛙

Buergeria choui
Yaeuama Kajika Frog

陈岳峰 摄

抱对 / 游崇玮 摄

鉴别特征：体背面皮肤粗糙，布满颗粒状小疣粒；体侧疣粒较多；腹面除咽喉部和前胸部外，均有扁平疣粒；体色多为黄褐色、灰棕色或深褐色等，多数两眼间有棕色倒三角形斑，有些背部具深色"H"形斑；大腿花纹呈现大片不规则云状斑。

生态习性：栖息于海拔600 m以下的沿海低地至高山森林的浅塘、缓流、沟渠中，耐盐碱，喜温泉；繁殖期为3—11月。

华东分布：台湾北部。

濒危与保护等级：NE。

王盈涵 录

王盈涵 提供

Buergeria otai
Ota's Stream Tree Frog

114 太田树蛙

鉴别特征：背部有少量疣粒，肩胛处有一对短棒状疣粒；肩胛骨至背部有一个"X"形或"H"形暗色花纹；下颌与腹部灰白色，四肢有深棕色宽横纹；大腿腹侧呈现细碎规则的小白点。

周行摄

生态习性：栖息于海拔600 m以下的溪流附近小的水沟和浅水区，耐盐碱，喜温泉；繁殖期为2—10月。

华东分布：台湾（东部、南部）。

濒危与保护等级：NE。

王盈涵 提供

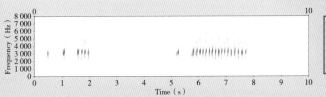

王盈涵 录

Nikolay Poyarkov 摄

115　壮溪树蛙

Buergeria robusta
Brown Tree Frog

周行 摄

鉴别特征: 体型较大,体长50 mm左右;指间具微蹼,
外侧二指间蹼较明显;犁骨齿发达,呈短
棒状。

生态习性: 栖息于海拔1 500 m以下山区或丘陵的阔叶林
地带流溪附近;繁殖期为5—7月。

华东分布: 台湾。

濒危与保护等级: LC。

王英永团队 提供

Gracixalus jinggangensis
Jinggang Tree Frog

116 井冈纤树蛙

鉴别特征： 上眼睑、背部无细刺；头、躯干以及四肢的背面和侧面皮肤粗糙，散布疣粒；腹部有颗粒疣；胫跗关节处无肤突；指间蹼退化仅具蹼迹；趾蹼中度发达；生活时体背棕色或浅棕色，两眼间至体背中部有一醒目的倒"Y"形棕黑色大斑。

生态习性： 栖息于海拔1 100~1 400 m的竹林中；一般栖息在离地高1~2 m的竹子上，或见于虎杖属、山茶属、荨麻属等植物叶片上；繁殖期为5—6月。

华东分布： 江西（井冈山）。

濒危与保护等级： DD。

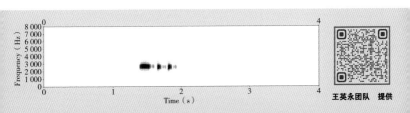

王英永团队 提供

Nikolay Poyarkov 摄

117　碧眼原指树蛙

Kurixalus berylliniris
Jewel-eyed Tree Frog

鉴别特征： 虹膜翠绿至淡绿；眼睑上方有两块不相连的棕黑色斑纹，体背有"X"形斑纹；腹部和喉部为白色，有的有不明显的斑点；指、趾端均具吸盘及环形边缘沟，内蹠突扁平，呈椭圆形；无外蹠突。

生态习性： 栖息于海拔200~1 250 m的阔叶林或森林边缘的树冠层；繁殖期为11月至翌年2月。

华东分布： 台湾东部。

濒危与保护等级： NE。

周 行 摄

Kurixalus eiffingeri
Eiffinger's Tree Frog

118　琉球原指树蛙

鉴别特征：体型较小；犁骨齿粗短，或仅有1~2枚齿或
　　　　　无齿；掌部原拇指发达；胫跗关节外侧有一
　　　　　个大型颗粒状白色疣粒，前肢的前臂和手部
　　　　　腹外侧及跗、蹠腹面外侧有白色颗粒状疣粒。

Nikolay Poyarkov 摄

生态习性：栖息于海拔200~2 000 m的阔叶林、针阔叶
　　　　　混生林及竹林为主的山地。

华东分布：台湾。

濒危与保护等级：LC。

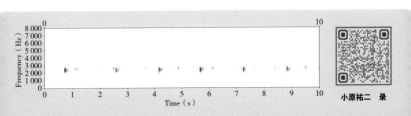

小原祐二 录

Nikolay Poyarkov 摄

119 面天原指树蛙

Kurixalus idiootocus
Mientien Tree Frog

周行 摄

鉴别特征： 犁骨齿呈两短斜列；背面皮肤上散有大小圆疣或长疣，疣上无白刺，前臂及跗、蹠外侧有一排白色疣粒，胫跗关节上有一枚白色锥状疣粒；背面皮肤不呈绿色。

生态习性： 栖息于海拔50~2 000 m丘陵或山区的林缘或灌丛地带；繁殖期为3—9月。

华东分布： 台湾。

濒危与保护等级： LC。

萧忠义 摄

Kurixalus wangi
Pingtong Frilled Tree Frog

120　王氏原指树蛙

鉴别特征：金黄色虹膜；背部"X"形斑纹两个前角一直
　　　　　延伸至眼睑；脚蹼延伸到第5趾吸盘内边缘；
　　　　　腹部和喉部发白。

生态习性：栖息于海拔500 m次生林的灌木或低地阔叶林
　　　　　中；繁殖期为9月至翌年3月。

华东分布：台湾（屏东）。

濒危与保护等级：DD。

萧忠义　摄

丁国骅 摄

121　布氏泛树蛙

Polypedates braueri
White-lipped Tree Frog

丁国骅 摄

丁国骅 摄

鉴别特征：头部较宽，区别于斑腿泛树蛙（P133），本种具3/4趾蹼，无外蹠突，内蹠突明显，头部皮肤与头骨分离或部分相连；背部无"X"形明显斑纹。

生态习性：常栖息在稻田、草丛或泥窝内，或在田埂石缝以及附近的灌木、草丛中；鸣声结构较为简单；繁殖期为4—8月。

华东分布：台湾，福建，江苏，浙江，江西，安徽。

濒危与保护等级：LC。

王聿凡 摄

丁国骅 录

丁国骅 摄

Polypedates megacephalus
Spot-legged Tree Frog

122　斑腿泛树蛙

鉴别特征：背部多有"X"形斑纹，具有较小外蹠突，内蹠突扁平。

生态习性：栖息于海拔80~2 200 m的丘陵和山区；常栖息在稻田、草丛或泥窝内，或在田埂石缝以及附近的灌木、草丛中；鸣声结构比布氏泛树蛙复杂；繁殖期为4—9月。

华东分布：福建，浙江（疑似非原生种），台湾（非原生种）。

濒危与保护等级：LC。

丁国骅 摄

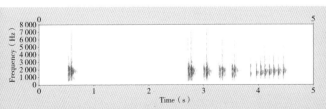

陈智强 录

王臻棋 摄

123 红吸盘棱皮树蛙

Theloderma rhododiscus
Red-disked Small Tree Frog

王臻棋 摄

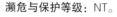

刘小龙 摄

鉴别特征：背面皮肤粗糙，布满由白色痣粒排列形成的网状肤棱；背面茶褐色，指、趾吸盘橘红色；鼻孔隆起且近吻端；鼓膜大于第3指吸盘。

生态习性：栖息于海拔1 300 m左右山区林间的静水塘及其附近；推测繁殖期较长，雌蛙每年可能产卵2次以上。

华东分布：福建（邵武、武夷山、龙岩），江西（三百山、九连山）。

濒危与保护等级：NT。

王英永团队 提供

Nikolay Poyarkov 摄

Zhangixalus arvalis
Farmland Green Tree Frog

124　诸罗树蛙

鉴别特征：体侧的白线之下为紫色，腹面灰白色，指、趾蹼为桃红色；体背面皮肤上有痣粒，沿前臂和跗部的后外侧各有一条窄而光滑的棱状肤褶，肛上方有一条窄肤褶。

生态习性：栖息于海拔50 m左右的农业区；以蝇类等有害昆虫为食；繁殖期为4—8月。

华东分布：台湾（嘉义、云林、台南）。

濒危与保护等级：VU。

Nikolay Poyarkov 摄

125　橙腹树蛙

Zhangixalus aurantiventris
Orange-belly Tree Frog

周 行 摄

鉴别特征：颞褶绿色；自上颌前端向下，沿下颌侧缘经体侧至胯部有一条白线纹，在白线纹下缘为一条黑带；腹部、四肢及蹼腹面橙色或橙红色；体背面皮肤光滑；趾间约2/3蹼。

生态习性：栖息于海拔1 000 m以下山区阔叶林中；繁殖期为5—8月。

华东分布：台湾（台北、宜兰、台中、高雄、知本、利嘉、花莲）。

濒危与保护等级：VU。

李辰亮 摄

Zhangixalus chenfui
Chenfu's Tree Frog

126　经甫树蛙

鉴别特征： 与洪佛树蛙相似，但该种上下唇缘、体侧
及四肢外侧有乳黄色细线纹，线纹下为藕荷
色；鼓膜距眼后角远。

生态习性： 栖息于海拔900~3 000 m山区的小水沟、水
塘或梯田边；黄昏后成蛙多在灌丛、草丛中
活动，或隐匿于水边石块下、石缝中；繁殖
期为5—7月。

华东分布： 江西（井冈山），福建西北部。

濒危与保护等级： LC。

抱对 / 李辰亮 摄

丁国骅 摄

127　大树蛙

Zhangixalus dennysi
Large Tree Frog

丁国骅 摄

鉴别特征：体型大，雄蛙体长81 mm左右，雌蛙体长99 mm左右；第3指、第4指间半蹼；背面绿色，其上一般散有不规则的少数棕黄色斑点，体侧多有成行的乳白色斑点或缀连成乳白色纵纹；前臂后侧及跗部后侧均有一条较宽的白色纵线纹，分别延伸至第4指和第5趾外侧缘。

生态习性：栖息于海拔80~800 m山区的树林里或附近的田边、灌木及草丛中；以金龟子、叩头虫、蟋蟀等多种昆虫及其他小动物为食；繁殖期为4—5月。

丁国骅 摄

华东分布：福建，江西，浙江，上海，安徽。

濒危与保护等级：LC。

陈智强 录

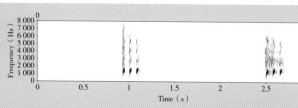

丁国骅 摄

Zhangixalus lishuiensis
Lishui Tree Frog

128　丽水树蛙

鉴别特征：体型较小，雄性体长34~36 mm，雌性体长46 mm左右；后肢较短，胫跗关节前伸贴体达眼后角；背面光滑，无明显疣粒；背面绿色，无斑或散有稀疏的浅蓝绿色细点；咽喉部白色，虹膜黄色。

生态习性：栖息于海拔300~1 100 m的山区；雄性躲藏于枯萎的茭白基部下，或在松软的泥土中挖掘5~7 cm的扁球形穴室并躲藏于其中；繁殖期为3—4月。

华东分布：浙江（丽水、嵊州）。

濒危与保护等级：DD。

幼蛙／丁国骅 摄

王聿凡 摄

丁国骅 摄

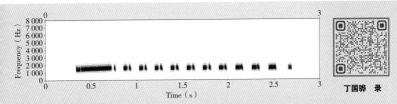
丁国骅 录

Nikolay Poyarkov 摄

129 台湾树蛙

Zhangixalus moltrechti
Moltrecht's Tree Frog

周行 摄

鉴别特征： 体背面光滑，无疣粒；背面为浅绿色或蓝绿色，有的个体具细小白色斑点，体侧无白色纵线纹，体侧、胯部及股前后有大小黑斑；第3指、第4指间几乎近半蹼，趾间几乎近全蹼。

生态习性： 栖息于海拔2 500 m以下的山区或丘陵地带树林中；常在池塘、水坑、水沟和沼泽等静水域繁殖；繁殖期为1—8月。

华东分布： 台湾。

濒危与保护等级： LC。

王 健 摄

Zhangixalus nigropunctatus
Black-spotted Tree Frog

130　黑点树蛙

鉴别特征： 指间具微蹼，外侧2指间约为1/4，外侧3趾间
的蹼达第2关节下瘤；体侧及股前后有圆形或
长形黑斑；雄蛙有单咽下外声囊。

生态习性： 栖息于海拔600~2 200 m山区的水塘、沼泽
及稻田附近的灌丛中；繁殖期为4—6月。

华东分布： 安徽（岳西）。

濒危与保护等级： NT。

李辰亮 摄

李辰亮 摄

Nikolay Poyarkov 摄

131　翡翠树蛙

Zhangixalus prasinatus
Emerald Green Tree Frog

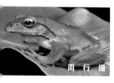

周行 摄

鉴别特征： 吻棱、上眼睑外缘及颞褶为黄褐色；背面皮肤较粗糙，有许多颗粒状疣粒；趾间具全蹼。

生态习性： 栖息于海拔370~600 m山区阔叶林、灌丛、草地或果园中；傍晚开始到凌晨活动在水池边的植物上，以雨夜出现的数量为多；繁殖高峰期为9—11月。

华东分布： 台湾（台北、宜兰、桃园）。

濒危与保护等级： NT。

周行 摄

Zhangixalus taipeianus
Taipei Green Tree Frog

132 台北树蛙

鉴别特征： 体型较短小；体背面皮肤粗糙，布满颗粒状疣粒；体侧、胯部及股后侧无大黑斑，胫部腹面及蹼为黄色；趾间全蹼。

生态习性： 栖息于海拔2 000 m以下的山区、丘陵和平地的阔叶林缘，多栖息于河流、山溪两岸杂草和灌丛繁茂的地带；繁殖期为10月至翌年3月。

华东分布： 台湾北部和中部。

濒危与保护等级： NT。

雌性 / 李鹏翔 摄

张保卫研究组　提供

133　安徽树蛙

Zhangixalus zhoukaiyae
Anhui Tree Frog

张保卫研究组　提供

张保卫研究组　提供

鉴别特征：腹面以及大腿前后略淡黄色，有不规则浅灰色斑点，指及趾的蹼背面没有明显的斑点；外蹠突小；靠外的指半蹼，靠外的趾具2/3蹼；背面皮肤光滑，没有疣粒；喉部、胸部以及腹部呈灰白略带淡黄色；虹膜呈金黄色。

生态习性：栖息于海拔800 m左右的淡水沼泽、池塘以及灌溉地；推测繁殖期为4月。

华东分布：安徽（金寨）。

濒危与保护等级：NE。

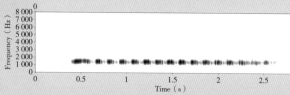

张保卫研究组　提供

陈巧尔 摄

Lithobates catesbeianus
American Bullfrog

134 美洲牛蛙

鉴别特征：北美体型最大的蛙，缺乏背外侧褶皱，但有明显的肩上褶皱，具有较大鼓膜；背部皮肤粗糙，有随机的微小结节。

生态习性：栖息于湖泊、沼泽或柏树湾的边缘；小个体以昆虫为食，大个体以鱼类、小龙虾、小鼠和其他蛙类为食；繁殖期始于春季并持续整个初夏。

华东分布：外来入侵物种，原分布于除佛罗里达州南部以外的北美东部地区；通过人为引进养殖也分布于中国浙江、上海、江苏、江西、福建、安徽、山东、台湾。

陈巧尔 摄

陈巧尔 摄

陈巧尔 摄

濒危与保护等级：NE。

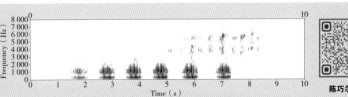

陈巧尔 录

丁国骅 摄

135　温室蟾

Eleutherodactylus planirostris
Greenhouse Frog

游崇玮 摄

丁国骅 摄

鉴别特征：体型较小，17~31 mm；体褐色或橄榄棕色，背部有或无两条宽条纹纵向延伸；全身布满很多疣粒，尤其背部；双眼中间有1黑斑，沿着耳鼓延伸至肩膀；眼睛呈红色。

生态习性：栖息于海拔800 m以下的森林、洞穴、花园等地，尤其喜欢生活于凤梨科植物附近；蝌蚪阶段在卵内进行，直接孵出幼蟾。

华东分布：外来入侵物种，源于古巴及加勒比海一些岛屿；推测随着农产品或其制成品输入中国台湾。

濒危与保护等级：NE。

吴延庆 摄

Rana wuyiensis
Wuyi Brown Frog

136　武夷林蛙

鉴别特征：体型中等，雄性41~46 mm，雌性47~50 mm；趾部具腹侧沟，后肢肤棱明显且数量多于越南林蛙和桑植林蛙；第4趾上的蹼达至趾尖；背表面整体中棕色，散布深棕色斑点；喉部、胸部和上腹部有不规则的浅橙色短条纹；雄性具1对咽下内声囊，繁殖期第1指有婚垫，覆有灰白色绒毛状婚刺。

生态习性：栖息于海拔800~1 300 m的亚热带常绿阔叶林的溪流和草地上，推测繁殖期为7—9月。

华东分布：福建（武夷山）。

濒危与保护等级：NE。

陈静怡 摄

侧腹 / 吴延庆 摄

吴延庆 摄

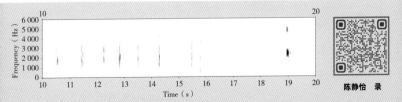

陈静怡 录

2019年在九龙山顶

两栖动物野外调查与研究方法

1 野外调查常用工具

1.1 野外调查工具

GPS导航仪：用于记录调查轨迹、物种分布位点等信息。可用手机中的GPS软件代替（如两步路、奥维地图、GPS工具箱等）。

LED强光手电：手持式，用于两栖动物搜寻。

LED强光头灯：头戴式，用于两栖动物搜寻，便于解放双手进行攀爬和记录数据。

1.2 动物采集工具

捕捞网：各类捕捞网，用于蝌蚪、蝾螈、蛙类等捕捉。

小水桶：用于采集到的动物临时存放。

棉质手套：用于徒手抓捕动物、防止动物滑出。

2 生物信息采集工具

2.1 摄影设备

单反或微单数码相机：35 mm定焦镜头、60~100 mm微距镜头，均可用于两栖动物摄影。

闪光灯：微距闪光灯或普通闪光灯，用于拍摄补光。

防水数码相机：用于水下两栖动物拍摄。

2.2 鸣声录制设备

录音笔：在距离鸣叫个体的50 cm范围内进行录音。

2.3　形态测量设备

游标卡尺：用于形态测量。

便携式天平：用于动物称重，并基于个体体长计算肥满度（CF=体重/体长^3×100）。

2.4　动物组织采样设备

离心管：用于保存动物组织样本。

手术剪：用于剪取两栖动物脚趾。

眼科镊：用于夹取组织样本。

标签纸：用铅笔记录物种名、地理位置、采集时间等信息，放入离心管中。

75%~100%酒精：加入离心管中，用于组织脱水保存。

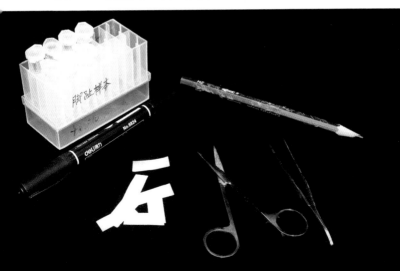

电导测试笔：测量水体电导率，评估水的纯度。

pH测试笔：测量水体pH值，评估水的酸碱度。

热电偶测温仪：测量水体温度。

温湿度计：测量空气温湿度。

噪度计：测量环境噪度，评估环境噪声情况。

红外测温枪：远距离测量两栖动物体表温度。

4 两栖动物的调查方法

两栖动物调查方法参考2014年环境保护部发布的《生物多样性观测技术导则　两栖动物》（HJ 710.6—2014）。

样线法：根据两栖动物分布与生境因素的关系如海拔梯度、植被类型、水域状态等设置样线。样线尽可能涵盖不同生态系统类型。长度在50~1 000 m。样线宽度根据视野情况而定，一般为2~6 m。观测时行进速度应保持在2 km/h左右，记录种类和数量。利用GPS记录轨迹。根据活动节律，一般在19：00至翌日02：00开展调查。

样方法：在观测样地内随机或均匀设置一定数量的样方，样方应尽可能涵盖不同的生境类型和环境梯度。大小可设置成5 m×5 m或10 m×10 m。样方之间应间隔100 m以上。记录样方内见到的所有种类和数量。

栅栏陷阱法：栅栏应有支撑物支持，保持直立，高出地面35~50 cm，埋入地下至少10 cm。陷阱口沿要与地面平齐，陷阱边缘紧贴栅栏。陷阱内可放置一些覆盖物如碎瓦片等，以备落入其中的两栖动物藏身；同时加入少量水，增加动物存活率。根据观测区内的物种情况设置陷阱深度。

人工覆盖物法：人工覆盖物的数目和尺寸主要取决于统计分析的要求和物种个体大小、种群数量等因素。人工覆盖物的尺寸一般为30 cm×20 cm或以上。样地内应采用统一的覆盖物。人工覆盖物的排列方式一般设置成平行线、网格等形状。网格形状的排列方式可采用5个×5个覆盖物的样方，覆盖物之间的间距为5 m。

人工庇护所法：在样地内随机设置3个10 m×10 m的样方，样方之间应间隔100 m以上。在每个样方内，挑选树蛙常选择的产卵树10棵，每棵树据绑固定6个竹筒（或PVC桶），2个在地面，2个离地面70 cm，2个离地面150 cm，共布设60个竹筒（或PVC桶）。

5 两栖动物的标本制作与保存

（1）实地调查并捕捉获得两栖动物个体。

（2）腹腔注射鱼安定（MS-222）进行安乐死。

（3）注射浓度90%以上酒精于个体腹部及四肢。

（4）将个体置于托盘上，利用镊子将四肢全部展开，俯视标本时能够看到全部四肢。

（5）用纸巾包裹并固定标本，喷洒足量酒精。

（6）固定30 min后取出标本，在腹腔内添加适量酒精。

（7）在标本后肢上绑上标签，标签上用铅笔注明中文名、拉丁名、性别、采集地、采集日期、采集人。

（8）将制作完成的标本浸没在盛有浓度75%酒精的标本瓶中，并密封保存。

（9）留意观察溶液颜色，待其颜色浑浊时及时更换酒精。

6 两栖动物的物种分子鉴定

6.1 分子鉴定步骤

（1）取组织样本，用总DNA提取试剂盒步骤获得标本的总DNA。

（2）采用PCR扩增目标DNA片段，并送生物公司进行一代测序。

（3）原始数据可用SeqMan进行核对和拼接。

（4）处理后的序列数据可在中国两栖类网站、NCBI数据库网站中进行比对鉴定。

6.2 目标基因引物和PCR设置

表1　目标基因引物

基因名称	引物序列（5'-3'）	Tm/℃	参考文献
16S	P7（5'-CGCCTGTTTACCAAAAACAT-3'） P8（5'-CCGGTCTGAACTCAGATCACGT-3'）	52	Simon et al., 1994
CO1	Chmf4（5'-TYTCWACWAAYCAYAAAGAYATCGG-3'） Chmr4（5'-ACYTCRGGRTGRCCRAARAATCA-3'）	47	Che et al., 2012
Cyt b	PFGlu14140L （5'-GAAAAACCACTGTTGTHHYTCAACTA-3'） PFThr15310 （5'-CGGYTTACAAGACCGRTGCTTT-3'）	50	Zhang et al., 2013

表2　PCR设置

设置项目	预变性	循环36次		进一步延伸	
设置温度	95℃	95℃	Tm（不同引物不同温度）	72℃	72℃
设置时间	4 min	30 s	40 s	70 s	10 min

7 两栖动物的鸣声采集与分析

7.1 鸣声采集

（1）野外调查时，听到鸣叫后辨识个体所在大概方位，随后缓慢并仔细寻找其所在的具体位置。

（2）确定个体所在具体位置后，不得惊扰，将录音笔轻轻置于距离个体正面50 cm以内，录音模式可设置为LPCM 44.1 kHz/16 bit。

（3）录音开始后，调查人员不得靠近，每个个体收集20声以上的鸣声为最佳，录音时间根据具体情况而定。

7.2 鸣声分析

（1）所获得的音频文件用录音软件进行剪辑、合并音轨、降噪，常用软件有Adobe Audition（Cool Edit）。

（2）用音频分析软件进行两栖动物鸣声参数的读取，常用软件有Praat、Raven、Avisoft等。

（3）常用广告鸣声参数如下

鸣声时长（call duration）：鸣叫一声的时间长度，单位为秒（s）。

鸣声间隔（call interval）：鸣叫两声之间的时间长度，单位为秒（s）。

主频（dominant frequency）：鸣声中的主要频率，单位为赫兹（Hz）。

鸣声强度（call intensiy）：鸣叫的声音强度，单位为分贝（dB）。

鸣声音高（pitch）：鸣叫的声音高度，单位为赫兹（Hz）。

音节数（number of notes）：鸣叫一声中所包含的音节数量。

音节时长（note duration）：鸣叫一声中音节的时间长度，单位为秒（s）。

音节间隔（note interval）：两个音节之间的时间长度，单位为秒（s）。

脉冲数（number of pulses）：在一声鸣叫或一个音节中的脉冲数量。

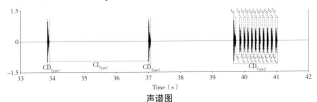

声谱图

159

2020年在君子峰

中文名索引

拉丁学名索引

英文名索引

参考文献

程林，曾昭驰，吕植桐，等，2021. 江西省两栖类新记录：孟闻琴蛙 [J]. 四川动物，40：657-664.

陈智强，王远飞，樊晓丽，等，2018. 江苏宜兴发现凹耳臭蛙[J]. 动物学杂志，53：159-161.

陈智强，钟俊杰，冯磊，等，2020. 浙江九龙山发现北仑姬蛙新种群的两性异形[J]. 动物学杂志，55：68-78.

方轲，2018. 安徽树蛙（*Rhacophorus zhoukaiya*）鸣声中不同音节的声学特征差异研究[D]. 合肥：安徽大学.

费梁，胡淑琴，叶昌媛，等，2009. 中国动物志　两栖纲[M]. 北京：科学出版社.

费梁，叶昌媛，江建平，2012. 中国两栖动物及其分布彩色图鉴[M]. 成都：四川科学技术出版社.

国家林业和草原局，农业农村部. 国家重点保护野生动物名录[EB/OL].（2021-02-05）[2021-06-17]. http://www.forestry.gov.cn/main/5461/20210205/122418860831352.html.

环境保护部，2014，生物多样性观测技术导则　两栖动物（HJ 710.6—2014）[S]. 北京：中国环境科学出版社.

江建平，谢锋，2021. 中国生物多样性红色名录：脊椎动物 第四卷两栖动物（上下册）[M]. 北京：科学出版社.

金伟，王聿凡，蒋珂，等，2017. 浙江省发现两栖纲寒露林蛙（无尾目：蛙科）[J]. 动物学杂志，52：1 048-1 052.

王秋亚，朱艳军，陈卓，等，2019. 福建省花臭蛙复合体组成及天目臭蛙分布新记录记述[J]. 动物学杂志，54：501-508.

王盈涵，蕭郁薇，李闊桓，等，2020. 太田樹蛙的重新命名：修正電子期刊所衍生不適用的分類作為[J]. 自然保育季刊，111：4-13.

王臻祺，仇志欣，梁涛，等，2021. 福建宁德发现凹耳臭蛙[J]. 动物学杂志（最新录用）.

杨剑焕，洪元华，赵健，等，2013. 5种江西省两栖动物新纪录[J]. 动物学杂志，48：129-133.

中国两栖类. 中国两栖类信息系统. 中国，云南省，昆明市，中国科学院昆明动物研究所 [EB/OL].（2021-12-16）[2021-12-16]. http://www.amphibiachina.org/.

曾昭驰，张昌友，袁银，等，2017. 红吸盘棱皮树蛙新纪录及其分布区扩大[J]. 动物学杂志，52：62-70.

CHE J，CHEN H M，YANG J X，et al，2012. Universal COI primers for DNA barcoding amphibians[J]. Molecular Ecology Resources，12：247-258.

CHEN Z Q，HU H L，FENG L，et al，2021. Advertisement calls of the lesser spiny frog *Quasipaa exilispinosa*（Liu and Hu，1975）（Anura：Dicroglossidae）[J]. Zootaxa，4926：446-450.

CHEN Z Q，LIN Y F，TANG Y，et al，2020. Acoustic divergence in advertisement calls among three sympatric *Microhyla* species from East China[J]. PeerJ，8：e8708.

FROST D R. Amphibian sppecies of the world：an online reference. Version 6.1. New York：American Museum of Natural History [EB/OL].（2021-12-16）[2021-12-16]. https://amphibiansoftheworld.amnh.org/.

KÖHLER J，JANSEN M，RODRÍGUEZ A，et al，2017. The use of bioacoustics in anuran taxonomy：theory，terminology，methods and recommendations for best practice[J]. Zootaxa，4251：001-124.

MATSUI M，TODA M，OTA H，2007. A new species of frog allied to *Fejervarya limnocharis* from southern Ryukyuas，Japan（Amphibia：Ranidae）[J]. Current Herpetology，26：65-79.

LYU Z T, DAI K Y, LI Y, et al, 2020. Comprehensive approaches reveal three cryptic species of genus *Nidirana* (Anura, Ranidae) from China[J]. ZooKeys, 914: 127-159.

SIMON C, FRATI F, BECKENBACH A, et al, 1994. Evolution, weighting and phylogenetic utility of mitochondrial gene sequences and a compilation of conserved polymerase chain reaction primers[J]. Annals of the Entomological Society of America, 87: 651−701.

TJONG D H, MATSUI M, KURAMOTO M, et al, 2011. A new species of the *Fejervarya limnocharis* complex from Japan (Anura, Dicroglossidae) [J]. Zoological Science, 28: 922−929.

WANG Y, ZHANG T D, ZHAO J, et al, 2012. Description of a new species of the genus *Xenophrys* Günther, 1864 (Amphibia: Anura: Megophryidae) from Mount Jinggang, China, based on molecular and morphological data[J]. Zootaxa, 3546: 53−67.

WANG Y, ZHAO J, YANG J, et al, 2014. Morphology, molecular genetics, and bioacoustics support two new sympatric *Xenophrys* toads (Amphibia: Anura: Megophryidae) in Southeast China[J]. PLoS ONE, 9: e93075.

WANG Y H, HSIAO Y W, LEE K H, et al, 2017. Acoustic differentiation and behavioral response reveals cryptic species within *Buergeria* treefrogs (Anura, Rhacophoridae) from Taiwan[J]. PLoS ONE, 12: e0184005.

WU Y Q, SHI S C, ZHANG H G, et al, 2021. A new species of the genus *Rana* sensu lato Linnaeus, 1758 (Anura, Ranidae) from Wuyi Mountain, Fujian Province, China[J]. ZooKeys, 1065: 101−124.

ZENG Z C, WANG J, LYN Z T, et al, 2021. A new species of torrent frog (Anura, Ranidae, *Amolops*) from the coastal hills of Southeastern China[J]. Zootaxa, 5004: 151−166.

ZHANG P, LIANG D, MAO R L, et al, 2013. Efficient sequencing of anuran mtDNAs and a mitogenomic exploration of the phylogeny and evolution of frogs[J]. Molecular Biology and Evolution, 30: 1 899−1 915.

2021年在大盘山

大绿臭蛙／唐韵 绘

物种	发现日期	发现地点	经纬度	海拔
			N E	
			N E	
			N E	
			N E	
			N E	
			N E	
			N E	
			N E	
			N E	
			N E	
			N E	
			N E	
			N E	
			N E	
			N E	
			N E	
			N E	
			N E	

物种	发现日期	发现地点	经纬度	海拔
			N E	
			N E	
			N E	
			N E	
			N E	
			N E	
			N E	
			N E	
			N E	
			N E	
			N E	
			N E	
			N E	
			N E	
			N E	
			N E	
			N E	
			N E	